醒醒吧，女人

（畅销修订版）

给聪明女人看的智慧书

虞玲玲——著

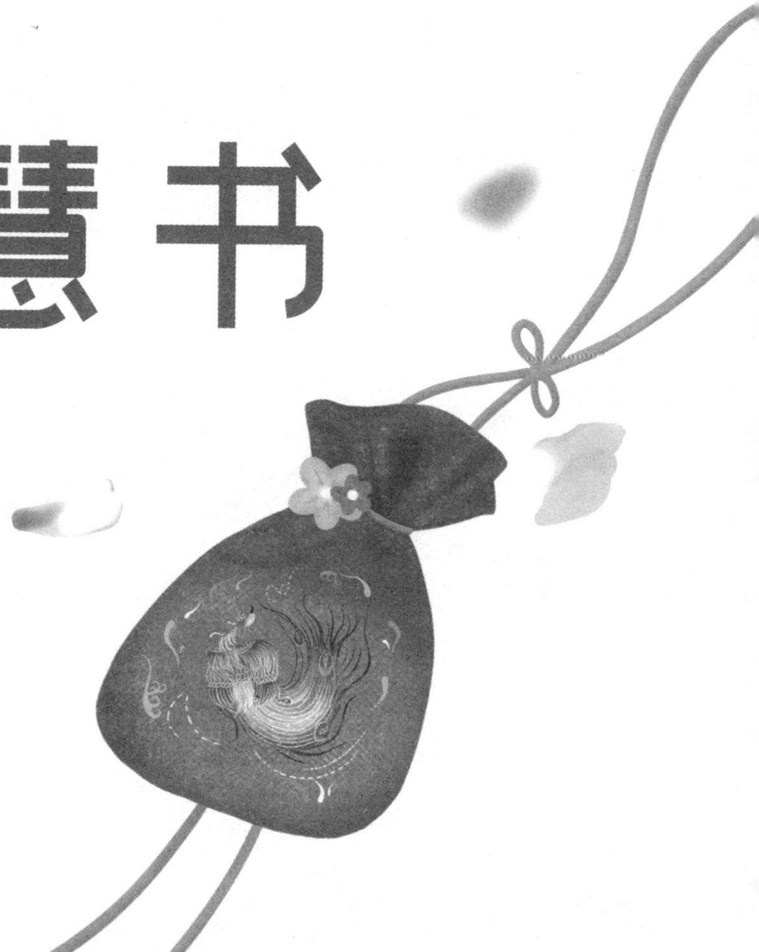

天津出版传媒集团
天津科学技术出版社

图书再版编目（CIP）数据

醒醒吧，女人：给聪明女人看的智慧书 / 虞玲玲著 . —天津：天津科学技术出版社，2010.10（2022.1 重印）

ISBN 978-7-5308-5670-3

I . ①醒…II. ①虞… III. ①女性—人生哲学—通俗读物 IV. ① B821-49

中国版本图书馆 CIP 数据核字（2010）第 060990 号

醒醒吧，女人：给聪明女人看的智慧书
XINGXINGBA NVREN GEICONGMINGNVRENKANDE ZHIHUISHU
责任编辑：曹　阳
责任印制：兰　毅

出　版：天津出版传媒集团
　　　　天津科学技术出版社
地　址：天津市西康路 35 号　邮编 300051
电　话：（022）23332377
网　址：www.tjkjcbs.com.cn
发　行：新华书店经销
印　刷：天津旭非印刷有限公司

开本 710 × 1000　1/16　印张 14　字数 190 000
2022 年 1 月第 1 版第 2 次印刷
定价：59.80 元

前言

praface

令女人发光的不是身上的珠宝，而是心灵深处的智慧

自古以来，这个世界对女人是不够重视和友好的。古人认为，女子无才便是德。言下之意，女人嘛，不要那么聪明，笨一点才好。孔子说："唯女子与小人难养也。"这里包含两层含义，第一把女人当成了宠物，像小猫小狗金丝雀那样，只适合养在笼子里，上不了社会的大台面；第二把女人当成了小人。心胸狭窄、斤斤计较，要时刻不远不近地提防着。

在男权时代，女人是行走的子宫，存在的价值就是洗衣做饭、生儿育女。女人一生的命运都牢牢掌控在男人手里，离开男人，在物质上只能饿死，在精神上漂泊无依。即使受过高等教育的女人，也无法摆脱这种如影随形的宿命。有些女人在这种强势的男权社会里，自甘为奴，心中充满自卑情绪。每当孤独的夜晚，喜欢喃喃自语"生为女人，我很抱歉"这句话。在这里，我想提醒大家——生为女人，请拒绝抱歉！不管你的相貌是美是丑，不管你生在什么环境，遭遇什么困难，都不要放弃追求幸福的权利！

作为女人，我们的价值到底该如何体现呢？都是一个鼻子、两个眼睛，女人哪里就比男人差一截呢？难道女人只配做男人的附庸，靠施舍过日子

吗？难道女人只能笨下去，连智慧的资格都被剥夺了吗？不，这不是造物主的本意。天生男女，希望平等互助，共同改造这个世界，从而让这个世界更美好。无论男人还是女人，地球离开谁都不行。

俗话说得好：“妇女能顶半边天！”我们头上的天空，男人顶一半，女人也顶一半。的确如此，女人的地位和作用丝毫不能小觑。在日新月异的现代社会，中国女人的精神面貌焕然一新，呈现出自信自强、积极向上的一面，这是一道亮丽的风景线。生为女人，的确不易。小女孩的时候，面临社会上的各种危险，我们要学会自我保护，安全成长；长大后，我们要为生存奋斗，在工作和爱情中挣得一席之地；结婚后，我们要照顾子女、父母，成为家人的避风港。于家庭而言，女人顶起的何止半边天，简直是整个天空！

幻想大于实际，是要吃大亏的。身为女人，其实是被各种压力催熟的。成熟是一种理性，是一种智慧。西班牙谚语说：“让人发光的不是身上的珠宝，而是心灵深处的智慧。”智慧从哪里来？除了生活本身的教育之外，更需要我们自己主动去学习，去获取。从某种意义上说，一本好书就是一个好的老师。读书学智慧的目的何在？不奢望出将入相成为叱咤风云的大人物，但至少要懂得运用智慧把自己的生活搞好，把家人的生活搞好，以自己的能力，让自己所爱的人都过上无忧无虑、理想满意的生活。我们不妄图“兼济天下”，但至少要做到“独善其身”，成为“修身齐家”的智者和赢家！

如何做一个“修身齐家”、有能力的女人呢？这就需要我们用知识、智慧来武装自己的头脑。女子无才便是德，如果有才会怎么样？很简单，男人的位置就岌岌可危了啊！幸福要靠自己主动争取，智慧要靠自己主动学习。正是在这样的责任感和使命感驱使下，我决定为女性同胞创作一本促进她们人生成长的智慧之书。本书不谈那些看不见、摸不着的的虚幻哲学，而是教你扎根现实、接地气、真切有效的智慧方略。全书围绕现实问题、自立自强、两性相处、能力修炼、理财经验、人脉管理、沟通话术、人情世故、优雅秘诀等各个痛点展开论述，结合大量鲜活的案例，提供真切有效的方法和经验。可以说，每一条策略和忠告都是一剂强心针，让你瞬间拥有充沛的能量，从而为自己而战，为家人而战，为幸福而战！

本书不仅是将你从幻梦中唤醒的彻悟之作，更是教你独立自信、做人做事及见招拆招解决生活难题的实用宝典。它犹如一把锋刃雪亮的利剑，拿在手中，助你所向披靡，在自己的世界里成为家人、朋友眼中的“女英雄”。为了开拓一条属于自己的路，为了在社会上挣得一席之地，为了爱自己及自己所爱的人，这些智慧不可不懂，不可不读！

在此，我希望本书能给各位女性朋友带来更多智慧，犹如开启智能导航，让你少走一些弯路，从而帮你成为修身齐家达人，助你家庭事业双丰收，一切尽在你的掌控之中！

目录

contents

第十一章　如何内心强大——女人也能顶起半边天

第一章

如何看清现实——女人要为梦而活，但不要活在梦中

聪明女人看清现实去努力，笨女人把偶像剧当饭吃

男人和女人，谁更沉溺于幻想？答案无疑是女人。

女人随时都准备朝幻想的世界进军。只要稍微给予刺激，她就会开始发动。

街上散发房产销售广告，男人看了以后，或许大受刺激地说：“什么？必须首付80万才能买到这种小房子！哼，如果有那些钱的话，我宁愿买大一些的！”男子说完这句话，就不了了之。女人则不同，她会如此说：“噢……好精致的小洋房，我一直就想拥有这种房子。”于是，她的眼前就会浮现买到房子以后的情景。然后，她会计划如何配置家具。同时自言自语地说，既然房子如此的精巧，餐桌也应该换一换，甚至窗帘也应该改变一下……对了！就统一以浅绿色吧！如此的话，就能够跟庭院的草皮相得益彰……至于汽车，当然以红色最为抢眼，可是那种颜色容易让人感到厌倦……好吧，换成天蓝色吧……如此这般永无止境，任由自己的想象力浮游。

不管你承认不承认，每个女人都爱做白日梦，都幻想一个有权有钱有貌有才的男人爱上自己，而且一辈子只爱自己。这个时候，无数偶像剧正好投其所好。剧中的那些男主人公，个个俊朗阳光。盘点这些帅哥，无一不是家境殷实且事业有成的，他们拥有香车豪宅，衣着不凡，工作轻松悠闲，有大把的金钱和时间用来谈情说爱。这些人还有一个共同的特征：善良多情，人品又好感情又专一，真是完美得要命，无怪乎女人们非他不嫁。

偶像剧中女主角的长相一个赛着一个普通，男主角却一个赛着一个帅，而且往往一部剧中，总有好几个大帅哥围着一个女孩转。我们看到这样的剧情，不免要说几句酸溜溜的话，为那几个帅哥不值。其实，这正是偶像剧的心机所在。偶像剧的观众一般都是女性，从小女孩到妈妈辈，选择长相普通的女主角，使观众在不自觉中和自己联系起来，沉浸其中，越来越觉得自己就是女主角，从而越陷越深。

这些偶像剧赚足了女人的眼泪和尖叫。殊不知，剧中白马王子的形象，正像生化危机中的病毒一样，侵入了女人的心灵。女人每天都沉浸在由他主宰着的梦境里，为他哭为他笑为他疯狂。她们觉得人生根本不需要奋斗和拼搏，只要自由想象，就可以随意涂抹未来，她们坚信有一位传说中的白马王子，正在前面的路上一直等待。

沉溺在偶像剧中的女孩，想象自己正像女主角一样拥有豪宅、名车和百依百顺的帅男人。然而现实中的她们却正处于水深火热之中：这个月的工资卡已经透支，甚至没有给手机充值的钱。在艰难和看似没有希望的现实面前，这样的幻想实在让人神往，正因如此，偶像剧成了许多女孩们的救星。

偶像剧里的汽车是现成的，想开哪辆开哪辆，不加油也可以跑；房子是现成的，不存在交租金和物业管理费的问题，想什么时候住就什么时候住。或者是已经有另一个主人公帮你处理好这些事情，你所要做的只是尽心尽力地谈恋爱。而这种不食人间烟火的爱情真存在于现实生活中吗？要知道，爱情是需要用面包来养活的！

这种过于迷恋偶像剧的行为其实是一种对现实的逃避。她们缺乏直面人生的勇气，把自己沉浸在偶像剧中，以为自己就真的已经幸福了。这就像鸵鸟把头埋在沙堆里，自己看不见敌人，就以为危险不存在的道理一样，都是一种自欺欺人的表现。睁开眼看看吧，我们活在一个真实的世界里，我们需要吃饭，需要靠劳动来维持生活，我们不可能天天都只是谈恋爱，生活中更没有那么多浪漫和惊喜。

偶像剧实在是种太强烈的毒！在现实中装扮得像剧中男主角的家伙，往往是一只人面兽心的“大色狼”！与其在偶像剧中拥有一切，倒不如在现实中改变一点点！所以，女孩们不要总在虚幻中找满足了，我们可以心存美好的愿望，可以以此来激发对美好生活的追求，但绝不能把幻想当麻醉剂。像鸵鸟一样把头埋在沙堆里，你将永远错过自己的幸福。

世界上到底有没有真正“老实”的男人

姐妹们经常会问，世界上到底有没有好男人？

肯定有，但好男人是不是等同于老实本分的男人？这个就比较难说了。许多女人都说，嫁人应当嫁老实本分的男人，这样的男人过日子实在。可是真要比着这个标准去找，那我估计还是有半数的姐妹会失望。毕竟每个人都会变的，别说男人了，十年前的你和十年后的你，该有多少变化？心态上，容貌上，你不得不承认你的变化吧？男人也是如此，人生际遇总会改变一个人。不然也不会演绎出那么多负心郎的故事。难道这些负心郎一开始脸上就写着“花心”两个字？其中可不乏曾经人人称赞的“老实本分”的男人哦！

我的朋友刘萍就遭遇过这种“老实本分”的男人。当初追她的时候，他们还在大学里读书，室友们都评价，没有比刘萍的男朋友更老实的了，私底下甚至议论说“八脚踩不出一个屁来”。这男人和女生说话总是不由自主地结巴，对刘萍极好，每天风雨无阻地帮她打热水、送饭、陪她上自习，痴痴地守护刘萍整整大学四年。

大学毕业之后，刘萍就嫁给了这个男人。婚后的生活也许让刘萍太安逸了，她习惯地享受着丈夫对她的好。当别人告诉她丈夫有外遇时，她简直是打死都不会相信。因为在她眼里，那样一个老实木讷，跟女同学、女同事讲话都结巴、发誓要爱她一辈子的男人，怎么可能会有外遇呢？但是，事实摆在她的面前，她不得不相信。

她开始好好地审视这个男人和这场婚姻。她发现自己错得离谱，怎么会铁定认为她嫁的男人就绝对老实本分呢？而她更加反思自己，这男人不是很帅，又不是很有钱，加上又不老实之后，他还有什么值得自己爱的呢？

老实男人曾经是女人择偶的抢手货，因为那时候男人面临的诱惑少，于是一以贯之地老实下去了。女人那时候相信男人的“老实本分”还是靠谱的。但现在“男人不坏，女人不爱”，太多老实男人都觉得自己“不够坏”。老实男人一旦不老实起来，比“花心大萝卜”还要让人大跌眼镜、痛彻心扉，到那时再怪自己看走了眼，怕是没得救了。

没有人能预测未来，每个女人都希望自己一次嫁对人，男人本本分分忠实于婚姻，免了最后的伤心伤身。于是许多女人把嫁人归结于运气的问题，但无论婚姻也好，恋爱也好，从来都不是仅靠运气就能决定的，我们不如开始的时候就不要相信这个世界上有老实本分的男人。老实本分的男人，只是暂时没有机会作恶罢了。

爱情是简单的，婚姻却是复杂的。只要不抱着这样绝对认定的态度，就可以换一种思维去思考我们的爱情，我们的婚姻。我们要学会信任对方，但是我们也要学会保护自己的婚姻，有技巧地防范婚姻中可能出现不利的“第三者”，从而张弛有度地掌控男人的心。这并非是对伴侣的不信任，也并非说男人一定会出轨，这种适度提防只是对自己感情的保护。毕竟，经营一段婚姻不容易，谁也不希望把自己的男人拱手让人，不是吗？

聪明的女人，绝不奢望世上的男人是老实本分的，因为她们深深知道，人是一种天生对诱惑缺乏抵抗力的动物。男人无所谓忠诚，忠诚是因为背叛的资本不够。男人无所谓正派，正派是因为遭受的诱惑不强。婚姻不是一场赌博，除了运气，还需要自己的苦心经营。

女人越是掏心掏肺，男人越是没心没肺

女人天生就是感情动物。请问，世界上有哪个女人不曾为情所困、沉迷不醒？在爱情面前，大多数女人都会犯傻，即使是世界上最聪明的女人也逃不出爱情的魔掌。但是，聪明女人一定要让自己牢记——被骗一次是不小心，如果被骗两次就需要自我反省了。

个人总结的第一条经验就是——不管爱情如何甜蜜，如何让我们神魂颠倒，女人都不能无原则地对男人掏心掏肺，不顾一切地付出所有。因为女人对男人越是掏心掏肺，男人就越会对女人没心没肺！事实上，有所保留、保持神秘更能让男人念念不忘。

当男人处在人生最低点、没钱没事业的时候，女人正处于最灿烂的时期。这个时候，女人耗尽最美的时光，对他掏心掏肺、付出一切！尽管如此，一些男人仍是不知足，仍是吃着碗里看着锅里。而女人往往被爱情蒙蔽了双眼，看不清这些男人的虚伪本质，甚至一厢情愿地认为男人永远只爱她一个人。如此沉醉白日梦中是十分危险的，因为当女人掏心掏肺让男人感到腻烦的时候，那么距离被抛弃也就不远了！

身体是女人必须守住的第一关。有人说：“爱他，就给他。”在一些

人看来，恋爱无非是一场游戏而已。可是，你真玩得起吗？就算你能玩得起身体游戏，你能玩得起感情的游戏吗？如果把身体轻易付出，那你还有什么底线可以守？别幻想付出了，他就不会离开，对一个没心没肺的男人来说，骗的就是你的身体！身体到手了，你们之间的感情也就到头了！所以，“爱他，就给他”没错，但给之前，你一定要先确定——他是否真正爱你。

女人一旦爱上，就会疯狂，就会不计后果。很多二十几岁的女人甚至连学业、事业，都会统统放弃。爱情重要还是事业重要？必须二选一的话，你会选择哪一个？其实现实中没有这个选择题，如果他爱你，只会鼓励你坚持自己的学业和事业。一个逼你放弃自我的男人是不爱你的，不要再傻傻地为他付出你的所有。

现实生活中有不少傻女人，爱上一个男人，恨不得倾囊献上自己的身体、自己的私房钱。为了所爱的男人，不惜去偷、去抢、去骗，甚至去出卖自己。她们身披囚衣，有的悔恨，有的依然目光执著。女人，不能拿自己的生命去换取男人的爱！身陷牢狱，你能有多幸福？为了他而迷失自己，最终这个男人也会离你而去……事实证明，这样的傻女人没有一个能够换来幸福。

女人，你不能为了爱，付出生命。我们一定不要做这样的傻女人。生命的代价，太过高昂。有那么多殉情的女人，一根绳，一口井，一把刀，一丸药，就成了她永远的归宿。这是多么悲哀的事，这是多么让人痛恨的事。生命换不来爱，生命都没有了，你拿什么来爱？为了爱，你能去死；为了爱，你同样也能更好地活着。总之，女人可以专一，可以深情，可以执著，但要珍惜你的付出。你要有自己的原则和底线。

别把爱情当作生活的全部，更不要在爱情中迷失自己。你有其他更重要的事情要做，比如学习、工作、交友。从今天起，把自己打造成一个优雅、自信、魅力十足的女人！如果你足够优秀，还担心他会离开你吗？他只会更加小心地呵护你、心疼你，怎么舍得把如此优秀的你让给别人？即使第三者出现又怎样？只要你足够优秀，完全有信心把他夺回来——当然，如果你还愿意接受他的话。

天长地久的誓言，其实大多都是一句敷衍

世间有三样东西不能轻易相信：男人的誓言、甜言蜜语及男人的理由。这年代谁要是还相信男人的承诺，那可真是笨死了。虽然说女人应该傻一点才幸福，可这只是聪明女人装傻给男人台阶下而已。事实上，真正聪明的女人绝不轻易在甜言蜜语中迷失方向。

一个女孩，结识一位花花公子。男人讲尽甜言蜜语，女孩被骗得团团转，以为遇到一生中的白马王子。岂知相处下来才知道，男人所吹嘘的一切都是谎言，他表白的誓言就像口头禅。当女孩第三次拒绝男人的过分要求时，这男人终于露出真面目，用无比丑陋的嘴脸践踏女孩的自尊，告诉女孩他根本就不喜欢她。听了男人的话，这女孩觉得庆幸，庆幸自己没有被花言巧语迷晕了头，更没有将自己的清白之身献给他。

关于男人的誓言，有这么一段话，说得极好："做女人一定要经得起敷衍，忍得住欺骗，忘得了诺言，放得下一切，最后用笑脸来伪装掉下来的眼泪。"确实如此，女人不知要经受多少谎言及甜言蜜语的欺骗，才能够变得

更加智慧和成熟。

男人那些甜蜜悦耳的许诺，往往并不能代表永恒。盘点男人的誓言，哪一句不是令人感动的？越是天马行空的许诺，越可以挤出水分来。“爱你一万年”，这恐怕是男人使用频率最高，也是最经典的一句了。为这句话烧昏了头的女人，请你静下心来想一想，自己是否能够活得了一万年？明明知道这是一句不靠谱的鬼话，女人们却听得眼泪汪汪，前仆后继地去上当。炽热的爱不可能维系那么久，凡是热烈狂放的男人，往往都是没有足够耐力的。如果你们能够携手走过五十年，那是因为温馨的亲情，渐渐替代了火热的爱情。虽然你们白头偕老，但你不得不承认，你的男人曾在五十年前，就爱情的问题说了大话。

与其说男人喜欢承诺，倒不如说是女人离不开承诺。没有哪个男人甘心于被誓言和承诺束缚，他们喜欢毫无羁绊的爱情，漫天抛洒，飘哪儿算哪儿。可是女人却很固执，她们愿意听到铿锵的誓言，她们总喜欢把爱情当作一件收藏品，然后让男人来报价。在女人强势的逼迫下，男人只好拿出一诺千金的架势，把那些天花乱坠的谎言当作誓言说出来。女人听了却当作经典一样，坚信这些誓言可以承载自己一生的幸福。所以说，女人真傻。

世上没有一成不变的事情，人是善变的，更何况是男人那颗飘忽不定的心。他们对你做出的承诺，并非每句都能够掷地有声，太多的誓言，都会随着鸽哨飘向天边，消失得无影无踪。一味地相信男人的承诺，无异于在死胡同里碰壁，最后把自己撞得头破血流。

现实中有太多的女人，总是栽在混蛋手里。有一首打油诗，是这样调侃男人的：“二十岁的男人想变坏，抱着瘪瘪的钱袋唱‘等你来爱’；三十岁的男人正在学坏，抱着女人唱‘同样的爱’；四十岁的男人已经学坏，抱着下一代唱‘迟到的爱’……”只要身体允许，很多男人会一直花心到老。

有的男人，当他们爱起来的时候，甚至会拿自己的生命做赌注，哭天喊地为你做出承诺。然而，如此鬼哭狼嚎的誓言，是否就一定会永远流传呢？不可否认，这个家伙当时的爱是发自真心的，正因如此，女人总认为他永远不会放弃和背叛。可是，在现实生活的消磨中，他的誓言真的会如当初一样坚若磐石吗？

誓言只是一时的，爱才是一辈子的事。当爱情结束的时候，誓言仅仅等同于谎言。千真万确，男人当初是真心爱着你的，可问题是，这种爱能够坚持多久？沧海都能变为桑田，那么还有什么是不能改变的呢？

很多时候，承诺只不过是一句敷衍。真爱的本质是淳朴而执著的，它不需要甜言蜜语的包装，不需要天长地久的盟誓。在真爱面前，任何一个真实的举止，都强过一句虚无缥缈的诺言。真正的爱，会在平平常常的日子里得到验证。

不要信命，你自己才是自己最好的救星

有人认为，女人比男人脆弱。当挫折和困难来临时，她会不知所措、彷徨无助。而很多事实证明，女人完全可以和男人做得一样好，甚至更好！

姚洁是个眼光敏锐的女人，喜欢编一些小东西。开始只是兴趣使然，编着玩玩而已，后来她发现这编织品里面藏有大商机。接下来，她开办了自己的编织艺术公司。由于产品质量好、信誉高，出口国外，姚洁赢得了良好的口碑。她在本地成了知名的“能人”。

正当事业蒸蒸日上之时，经济危机席卷全球，姚洁的产品在国外卖不动了。以往被抢购一空的草编工艺品，现在堆得到处都是。员工要吃饭，产品却无销路。别人都认为，年轻的姚洁怎么能够承受得起这个打击呢？说不定公司会就此垮了。

事实却出乎大家意料。姚洁没有慌，也没有乱。她先寻找商户，替她在国内销售这些存货，因为草编品的使用是有年限的。她又开始组织员工设计适合国内市场的品类，在国际市场疲软的情况下，她暂时把眼光转向国内。就这样，她的公司稳稳当当地渡过了困难期。

在命运面前，我们能做什么？无奈、叹息、愤懑，抑或坦然、平静？不，这都不是我们该选择的，每个女人都要敢于向命运说“不”。

大多数女人都很信命，好奇地想了解一些命运方面的说法，甚至有时候喜欢对号入座。生活中常听到一些人议论或感叹谁谁的命好，自己命中注定没福分。女人不仅天生喜欢算命，许多女人还热衷于星座运势。多则一个月，少则一天就去占卜一次，看这个月有没有桃花运，有没有财运，有没有可能遭到小人暗算，今天适不适合穿红裙子。如果你每天蓬头垢面，能有帅哥看上你吗？如果今天天气突变，零下好几度，你还执意要穿那条中意的红裙？如果星座说你今天很幸运，你就可以对着顶头上司大吼大叫？

其实，命无所谓好坏，每个人大都差不多。正所谓三分天注定，七分靠打拼，你的人生你的路，一切要靠自己来闯。如果你只是心情不好，想从算命先生那里得到一些鼓励，不妨去请求“指点迷津”，因为算命先生一般会说些好话，解开你的心结。但如果你想从算命师那里了解自身未来的事，我劝你还是别枉费钱财和心思了！

你的命运掌握在自己手里，永远不要乞求有人会帮助你，有时候外部的帮助是一种幸运，但从不利的方面来看，外部的帮助却又常常是祸根，让你养成不劳而获的恶习。

作为女人，千万不要信命，你自己才是自己最好的救星！与其坐等别人把饭喂到自己口中，为什么不努力奋斗用双手去获取呢？机会就在我们周围，为什么有人抓得住有人抓不住？世上永远不缺机会，关键是你总在空想、总在抱怨，而不去行动。不冒风险才是最大的风险，总是认命你就永远是命运的奴隶！

认真执著，但千万别执迷不悟

很多年前，我认识一个喜欢文学的朋友，居住在乌鲁木齐。据她自己说，她从来不曾有过什么“爱情”。她结婚很早，大概不到二十岁的时候吧！婚后生活平淡，没有激情。三十九岁那年，她终于离婚了。上初中的儿子跟她。

摆脱婚姻之后，她很激动，总算可以寻找自己的“爱情”了！她认识了一些男人，当然都是有过家室的，也都有儿女。可是，她却嫌人家低俗，因为他们总是动不动就谈婚论嫁，说一些有关父母赡养、儿女抚养的事。而她要找的是一种浪漫的爱情，显然他们不懂这些东西。到了这般年纪，她怎么还天真地张口闭口谈“爱情”呢？她却不理会这些。

于是她在虚拟的网络世界寻找，认识了一位四川的英俊男人，比她小十岁。如果仅仅是年龄差距也就罢了，两人的空间距离也很遥远，并且只是通过视频了解而已。男人说自己是某公司总经理，事业成功后发现身边缺少知冷知热的女人，希望她过去当他的“压寨夫人”。朋友们都劝她不要去，可能是个圈套。可是，她已经沉浸在“爱情”的幻梦中不能自拔了。为了和他见上一面，她把儿子安置在父母家里，孤身一人远赴四川。

从此，我们再也联系不上她，她的QQ头像永久地呈现灰白。至于他们后来的结局如何，我不得而知。不过，每当看到新闻报道说，某某女子因见网友被奸杀或被拐卖的消息，我都有一种心惊肉跳的感觉，怀疑她是不是真的遭到了不测。

女人对爱情认真执著不是错，关键是千万不能执迷不悟。要知道，现实很残酷，江湖很险恶。世界不是我们想象的那样，男人也不是我们想象的那样。在网络上或者电话中得到的印象很可能是一种假象，女人要留一个心眼，即使利用网络寻找幸福，也一定不能轻易做梦，失去清醒理智的头脑，要始终做到“不见兔子不撒鹰”。

什么样的女人才好命？女人获取好命的第一步，就是必须打破头脑中的白日梦，让自己现实起来。诚然，追求爱情甜蜜、生活幸福，是每个女人的权利。如果没有追求，我们存在的价值何在呢？女人总有各种各样的需要，在某种需要缺失的时候，努力去追求是没错的，关键是你在追求过程中，能不能做到清醒理智。花了不该花的钱，买了不该买的东西，或许可以退货，但人生路上一步走错，就很难再回头，即使再回头，也必定付出惨重代价。

现实生活中，总有一些男人非常善于伪装，表面上的行为全可以用美好褒奖的词汇来形容，而骨子里，却只能用贬义词。他们衣冠楚楚，貌似韩剧中优秀的男主角，要多帅有多帅，要多有钱就多有钱，但是你要记住，这往往是诱惑你上钩的圈套。在这个时候，你一定要擦亮自己的眼睛，看穿他的真正面目。

如果你一定要追求爱情，就要想清楚他值不值得你去追求，必须考虑后果。别总拿什么“执著追求”来做挡箭牌了！女人比男人更容易钻牛角尖、进死胡同，为了避免陷入执迷不悟的泥潭，你要多听听别人的意见，尤其是在不知道对错、难以取舍的时候。

第二章

如何调整心态——宠爱自己的女人，连上帝都会宠爱她

不爱自己的女人，不要奢望得到别人的爱

我的同学雅琪，当年是全班女生中最“自私”的一个。

她懂得宠爱自己。她会吃，知道怎样吃摄入的营养才全面；她会穿，知道如何打扮才能让自己更漂亮；她也会学，学习劳逸结合，成绩比那些拼命熬夜的还要好。我们都说她“自私”，将来怎么能嫁得掉？哪有男生喜欢这么“自私”的女生？她却不同意我们的看法，她对自己很满意。她说：“这是自爱。我爱我，这有什么不好？女人如果不爱自己，还指望别人爱吗？女人如果不爱自己，能去爱别人吗？等着看吧，将来我的男人肯定是最好的！”

事实果真被她言中了！几年后，当别的女生都还在爱情路上疲于奔命时，她结婚了，婚后生活的滋润无以言表。后来同学聚会，她次次参加，每参加一次，我们都会发现她更加有韵味。有人开玩笑地问她：“还是我爱我吗？”她高高扬起脖子：“我最爱我！”

我最爱我——这难道不正是快乐的秘诀吗？

与雅琪相反的是，朋友青青，现在遇到了难题。她说，她把一份爱情苦苦经营了五年，最后还是不能有一个善终。她来向我倾诉。

我问她：“是他不愿娶你吗？”

“不是。是他的家庭始终不能接受我。”

“为什么不能接受？”

“他们说我长得不漂亮，还有，我老家是农村的。”

“你怎么看待自己？他是什么观点？”

“我知道，我确实不漂亮，家又在农村，和他的家庭格格不入。他处在夹缝中，左右为难。他不想和家里闹僵，但又舍不得我。”

说完这句，她眼泪就下来了。她说：“如果分手，我大概不会再爱上别的男人了。我不会忘记他，他是最爱我也是我最爱的男人！”

听完她的话，我笑了。女人就是这么傻，如果分手了，你凭什么不能爱上别的男人？五年的爱情到了瓜熟蒂落的时候，他父母的反对就能成了障碍？他早干什么去了？为什么不为了“最爱你”去排除障碍？如果他真的“最爱你”，障碍会成为障碍吗？

他也许爱过你，但是，他绝对不是“最爱你”。

那么，谁是“最爱你”的人呢？是父母吗？父母爱你，非常爱。父母的爱是最无私的，没有任何附加条件的，他们可以做任何付出。可是，他们的爱有限，至少时间和空间无法逾越。有一句话说得好，父母虽然至爱，却只能伴你前半生。

同样，子女也不是最爱你的人。你即使付出百分之百，也难以收回百分之五十。

父母不是，儿女也不是，难道会是其他人“最爱你”吗？

有哪个人能够如影随形，从生至死，对你终身不离不弃？又有谁能够真真正正、完完全全体察你的心？无论是谁，他分享与分担的，不过是你的一部分感受而已。别人给予的爱，永远都是有缺失的爱。事实上，世界上最爱你的人正是你自己！不要为了别人，放弃属于自己的快乐，放弃自己做人的原则，你不能失去自己！

你要爱镜中的自己，爱自己的工作，爱自己的家庭，爱自己所拥有的一切。在别人肯定你之前，要先欣赏自己。一个连自己都不爱的女人，就不要奢望得到别人的爱！有时在视频上看购物广告，那些卖家们为了骗走女人的钱，总是把广告拍得很夸张，为了身上的赘肉，女人满面愁苦，为了脸上的斑，那个女人泪流满面，似乎连跳楼的心都有了。难道你把自己收拾年轻了漂亮了，他就会回心转意吗？种种理由，无非是个借口而已。

女人要学会关心自己，照顾好自己。身体是你的本钱，要爱惜自己的身体。尤其是年轻的女人，在和他情深意浓时，要注意把握。不要为了片刻欢娱，给自己造成难掩的伤痛。不能一门心思在乎他的感受而不采取任何措施。男女之事，在感情上双方均担，而实质性的苦果却是女人独自品尝。你也许会遇到一个好男人，他说他爱你，为你做了许多。可是你的伤，在你的身上，你的痛，在你的身上，他根本无法代替。

女人要保证自己身体健康，也要保证自己心理健康。学会自我调节，学会自我解压，自我放松。女人是先天的弱势群体，在现实中总能遇到比男人更大的困难，更大的阻力。没有人明了你的心理压力，没有人知道你已近崩溃边缘。最了解你内心的，是你自己，能挽救你的，依然是你自己。事前，你要学会淡定，后果出现之后，你要学会为自己开脱。永无休止的悔恨于事无补，只能把自己推向深渊。

女人要为自己许诺：在将来继续关爱自己。给自己打预防针、撑保护伞，把别人对自己的伤害降到最低。女人爱自己，不是自私，这是掌控命运的方式。

在男人眼中，或许这样的行为是自私而自恋的，可这又怎样？没错，女人就是要爱自己，就是要永远把自己摆在第一位，花钱在自己身上的时候不要心疼。懂得爱自己的女人，连上帝都会忍不住多分一份爱给她！

为什么幸运的女人总幸运，倒霉的女人总倒霉

很多女人总是遇到这样的事情：电脑一死机总会丢失重要文件，过马路时总是遇到红灯，银行排队轮到自己时工作人员却要下班，没自己姿色好的女人都嫁了好男人，别人家的孩子样样都好……天底下倒霉的事怎么都落在我一个人身上了？

不少女人都会发出这样的感叹。坏事总是找上门，整个就是一个恶性循环。这是老天爷在跟我们开玩笑，还是真的“倒霉事都让我承包了”？事实上，我们老祖宗早就总结过这个规律了，“雪上加霜”“祸不单行”便是对“倒霉的人总是我”的最好总结。现代心理学家也发现，坏事总是比好事更能引起我们的兴趣，更能使我们无法忘怀，于是我们就更容易记住那些不愉快的经历，从而发出“喝口凉水都塞牙”的感慨。

事实上，倒霉的女人之所以觉得自己倒霉，是因为她们看问题的方式和幸运的女人不一样。倒霉的女人想问题负面、消极，这也就为她下一步倒霉铺好了道路，就好比我们心情不好的时候更容易跟人吵架一样，如此一来事情必定会越来越糟糕。

兰兰自认为是一个“倒霉的女人”。她现在已经28岁了，遇到的男人都是铁公鸡一样一毛不拔。兰兰不是个贪心的女人，但男人请自己吃顿饭总应该吧？可巧碰到那么一个肯花钱为自己买东西的，却还是个骗子。

“真是倒霉啊！”兰兰跟好友倾诉，“我怎么这么不顺？我这一辈子没欠过任何人，连媒人见面都会送她个小礼物，可有些媒人就是骗子！上次说介绍个老板给我，结果大饭店狂扫一顿都是我埋单！是不是串通好了？真是倒八辈子霉了！”

说完自己情场不顺，兰兰又开始艳羡公司的两个女同事：“人家命好啊，经理帮她们介绍了对象，有一对成了，有一个现在升职了，得宠得不得了。而我，也没得罪谁，可换了个经理就是跟我过不去，把我发配到环境恶劣的地方去工作。这个账我一定要算！”兰兰义愤填膺，“要是他不让我干了，那我把上辈子受的苦全发在他身上！我拼了老命也要把他从经理位子上拉下来！”

瞧瞧，不仅自认倒霉，甚至还产生了报复心理，这样的女人真让人背脊发凉。其实，从来没有谁比谁倒霉，也没有谁比谁幸运，任何事物都是相对的。为什么非要想着报复别人呢？为什么口口声声说自己倒霉呢？职场不顺利，为什么不努力工作获得别人认可？情场不得意，是不是该先检查一下自己做人做事方式不太妥当？只要自己用点心，绝对可以降低倒霉发生的概率，怕的就是深陷倒霉的泥泞中不可自拔，最终沾了一身晦气，始终带着坏心态做事，这样一来，干什么都不会顺的。

其实，许多“倒霉事儿”都能人为预防和控制。比如，在电脑死机崩溃之前，你经常清除垃圾并用软件杀毒；如果要炒股投资，不要光想能赚多少，而应该先想到可能会赔多少；如果找不到好的另一半，看看自己是否足够优秀？如果孩子不听话，你是否做到经常鼓励，而不是经常责备……当你提前进行预防和心态调整后，你会发现，一切都发生了改变。

人生不如意的事常八九，我们应该带着平常心去面对，而不是整天悲天悯人，像个怨妇一样怨天怨地，那样不仅会害了自己，甚至连亲戚、朋友都不敢靠近你——因为你身上晦气太大，他们怕啊！亲爱的，快为自己解开魔咒吧！从今天开始，换一种心态，换一种活法，做一个能给自己和他人带来快乐的幸运女神！

相信自己，而不是迷失在别人的眼光里

在网上，有个二十几岁的女孩如此袒露心迹：

“我好像不是在为自己而活着！我以前活得特自信，现在怎么一点主见都没有了？总是在乎别人的看法和眼光！我这样正常么？可能我现在经历得多了，总觉得不如别人，所以就不自信。我总是在乎别人怎么看，都想得快疯了！精神都崩溃了！做事精力也不集中，很影响工作生活。一件事情都没有做好，到最后就自卑了！”

在这个世界上，我们每个人都免不了要看别人的眼光和脸色，毕竟我们不可能摆脱世俗，不可能到原始森林里当野人。所以，从某种程度上说，在乎别人的眼光是每个人要面对的现实问题。但凡事都有个限度，如果你太在乎别人的眼光，就会迷失自己的方向，从而迷失自己的本性。比如，本来已经梳洗停当了，临出门还要对着镜子照了又照，生怕出笑话。在外说话做事时，更是小心谨慎，唯恐招来非议。这样过分在意别人的看法，必然使自己活得很累。你越是在意别人的眼光，越不能轻松发挥，反而越容易出错！

其实，周围的人并不是时时关注你。要知道，每个人都有自己的事情要做，每个人都在马不停蹄地忙碌。你经过时，他们往往只是抬头打个招呼，马上又低头想自己的心事去了。这就是真相——并不是每个人都有那么多充裕的时间和旺盛的精力去对你品头论足的。所以，你大可放松自己，做一个自在真实的女人。

当然，我们身边不乏长舌的闲人。他们闲极无聊，热衷于发掘别人的缺点，并以此为乐。遇上这样的人，即使你八面玲珑，也会给他们挑出刺儿来。所以，对于这些人的口舌，你最好不要理会，他们只不过是一面哈哈镜，他们的眼光和看法，有时候不值得你去当真。

我总是欣赏这样的女人——她们无论怎样的装束，都对自己的美丽深信不疑。每天走在街上，对旁人的眼光视若无睹，就那样微笑地信步走着，把自信的身影拖得很长很长。事实正是如此，你要按照自己的方式去思考和行动。别人的建议再好也权当参考，毕竟有些事情自己是当事人，更清楚要怎么做，虽然现在你无法完全摆脱这种状态，但只要你下定决心，总能够果断地做出自己的正确决定。

曾经有一个老头，在大街上卖一块石头。有人问他多少钱，他说："这是无价之宝，贵贱不卖。"于是有更多的人来问，他们都想买这块石头。有人给50万，有人给100万，但老头就是不卖。他当然知道这块石头的价值，只不过是来估一下价而已，本不值钱的石头就这样真变成了无价之宝！

所以，女人一定要重视自己的价值，然后不断地完善自己，变成自己想象中的那个人，而不是变成别人希望的那个人。你要朝着心中的目标前进，相信自己是最优秀的！

一个女人理应注重自我的感受，太在意别人的看法和眼光，你会觉得活着很累。试问一下，什么是大众口味？你看看街上饭店的招牌，川菜、粤菜、鲁菜、湘菜等等，这些菜系名目繁多，一个人不可能喜欢香辣的同时又喜欢清淡。然而，每个菜系都有那么多的追随者，这又如何解释呢？

切换到咱们女人话题上，道理也是一样。自古美人没有统一的标准，可是又代代出美人，环肥燕瘦，自然有爱她们的人。无论你变出什么花样，张先生喜欢，李先生却不见得中意，而你最终只是你，怎么可能频频换位？

在服饰方面，现在的女人似乎有一点注重自我的感觉了。没错，风格就是穿出来的！时装是最具魔力的了，或精灵可爱，或动感飘逸，或娴静优雅，只要大胆去穿，就能找到百变的感觉。女人对于穿戴方面，多一点随意，少一点顾忌，用自己的眼睛去审视，一样可以扮出自己的美丽。

在爱情方面，我们同样不可以失去自己。有一次在大街上，我看见一个女孩就是不愿意跟男友走在一起。为什么呢？因为男朋友个子比她低，自己觉得没面子。还有的女人，如果另一半没有名车，就感觉自己低人一等，尤其在身边闺友的丈夫纷纷买车、买房的情况下。对她们而言，只有通过别人羡慕的眼神，自己才能获得最大的满足感，她们忘记了自己最想追求的东西。记住，你要找的不是经济上的伙伴，而是自己一生的爱人！

很多时候，我们都是让别人的评价束缚了自由的心境。为什么要自己为难自己呢？衣服是否合身，只有穿的人知道。生活不是作秀，幸福与否，只能去问自己的感受。

我们永远都不要跟自己较劲儿。过分强调别人的看法，那样只会徒增烦恼。最重要的莫过于自己的体会，把那些不相干的议论丢到一边，学着做一个有主见的女人。重新回归自我，你才能真正快乐起来！最后，我想把作家亦舒说的一句话送给你：“人生短短数十载，最要紧的是满足自己，不是讨好他人。”所以，我们千万不要迷失在别人的眼光里。

一个男人只有爱上你的缺点，才真正靠谱

一个男人，爱上你的容貌是肤浅的，爱上你的大脑是智慧的，爱上你的钱包是庸俗的，他只有对你的优点和缺点全部都爱，才是真正爱你。如果只爱你身上的优点，而讨厌你身上的缺点，这样的男人就很危险了——如果有一天，你失去美丽的外表、天才一样的大脑、鼓鼓的钱包，那么不管原来你们多么相爱，他也会无情地背叛你。

当一个男人真正爱上你的时候，你身上的缺点也随之变成了优点，所以你就变成一个最完美的人了，你就是他眼中最美的西施。

如果我现在问你一个问题——你爱他吗？那么，请你列举他的优点。

或许你会说——他长得很帅！他很聪明！他说话好幽默啊！他有正义感！他是有责任心的男人！他对我真的很好……也许还可以列出好多，这些都不重要，重要的是，你爱上他了，他的所有缺点，都成了优点。

我再问你，他爱你吗？你确定他爱你吗？那么，请列举你的优点。

或许你会说——我，长得还可以吧，就是脸有点胖；有虎牙，笑起来不好看；我的性格外向率真，可是有点任性，很情绪化，又有点敏感。我对爱

情专一，可是有点粗心，两次烧饭竟然烧糊……

你大概列举不下去了。为什么你以为自己优秀的地方，现在讲出来时却没了底气，以至于全变成缺点了呢？凭你的这些缺点，怎么去获得他的心？怎么去博得他的爱？

你开始变得不自信了。你觉得总算真正认清了自己，原来自己是一个满身毛病的不完美女人。你甚至会想："我能配得上他吗？他真的会爱上满身缺点的自己吗？"

你错了！你这么想，那是因为你根本不了解爱情的真谛。爱情是拒绝完美的，有缺憾的爱情才真正具有价值。如果他一味地追求完美，总是强行索取你的优点，难以忍受你的缺点，这样的男人，你会义无反顾地爱他吗？

男女相识，总是喜欢向对方表露自己的特长和优点，很少有人会把自己的缺点暴露在不熟悉的人面前。你娇艳得像花一样，绽放在他面前；你在人群中穿梭，活泼得像一只小鹿；你帮年纪大的同行者背包，你是多有爱心的人啊！你的谈吐文雅又博学，你闪亮在人群中，这样的女人谁不爱呢？于是，由陌生到熟悉，由熟悉到好感，由好感到喜欢，由喜欢到爱，你们的爱情就这样开始了。在交往过程中，你的优点渐渐被发掘。大优点完了，是小优点，小优点完了，该是什么了？那就是你的缺点。容貌上的不足，性格上的瑕疵，生活中的粗心，工作中的失误，所有的不足都开始在他面前暴露无遗。

所以，一个聪明的女人，要想让男人永远爱你，就让他先爱上你的缺点。当一个男人连你的缺点都接受的时候，他还会不爱完整的你吗？

脸胖怎么了？有虎牙怎么了？你情绪化吗？你敏感吗？这是多浪漫的性格啊！你们说好去公园，他却晚到半小时，你不问原因，一赌气跑了。这很好啊，这可是给他机会，让他开动脑筋联络感情。你在他的衣服上闻到了可疑的香水味，你哭了，也闹了，反复要他来解释。最后，你们和好如初。如果两个人的世界里只有“甜”，那多单调啊，这时你就用“酸”和“辣”的情绪来调剂生活吧！他怎么能不爱上多滋多味的你呢？

你经常把饭烧糊，告诉他，这是你的狡猾，是你的伪装。你只是给他机会，让他改造你，大男人不改造女人怎么行？好女人都是好男人调教出来的。让他手把手教你做饭，你炒菜时要他站在旁边指导。如果他也不会炒，那更好说，让他在一边翻着菜谱，高声宣读好了。多么温馨的画面，多么有情调的你和他，怎么会不更加相爱呢？

敢于在自己所爱的人面前暴露缺点，这才是智慧的女人。如果在男人眼中你完美无瑕，那你就是一个不食人间烟火的怪物，这样的女人，男人还敢爱吗？想让一个男人注意你，就展现你的优点；想让一个男人喜欢你，就展现你的缺点；如果想让一个男人永远不离不弃地爱着你，那就让他爱上你的缺点吧！

女人不需要用别人的成败来证明自己

相信大家都听过这么一句话：“男人通过征服世界而征服女人，女人通过征服男人而征服世界。”我们在感叹这句话“偏激而睿智”的同时，不禁要问——什么才是女人所追求的成功呢？是在男人的领域里打败男人，还是在女人的领域里打败女人？当然，还有另一条路——既不打败男人，也不打败女人，而是去战胜自己！

没有任何一个人需要用别人的成败来证明自己，女人更不例外。毕竟，世界上除了事业成败之外，还有更多的东西值得去追求，比如亲情、友情、幸福、快乐，这些才是生活的本质。女人只有在这里才能得到真正的提升。

有一个叫安娜的芭蕾舞蹈家，生完孩子之后，身体胖到一发不可收拾的地步，以至于好几年没有人请她跳芭蕾。大受刺激之下，她不停地琢磨办法让自己减肥。终于，她的体重减下去了。在这个过程中，她钻研出一套“减肥秘法”，根据自己的减肥心得，加上舞蹈体型训练，以此创办了一家瘦身塑形公司，生意竟然好得让人意外。

女人总会在生活中遇到各种难题，恋爱、结婚、生子，当家庭主妇，帮助丈夫打江山。无论怎样艰难的困境，只要可以凭借自己的力量冲出去，就是一个超越自己的女人！

当然，这个过程肯定是艰苦的。战胜自己的难度甚至超过战胜一个国家，但这是一个女人走向成功的必经之路。只有不断地学习，不断地提高，在生活的每一处精心地布置，才会成长为自己想要的那个优雅睿智的自己。

很多女人或许会说："我没有美丽的外表，没有妖娆的身姿，没有独特的气质，甚至连可爱也没有，拿什么来成功？"为什么非要纠结于这些东西呢？这样想只能让一个女人自卑，根本不能抬起头去面对生活。当一个女人否定自己的时候，世界也就否定了她。她不会遇到好的男人，不会有幸福的家庭，不会有成功的事业，甚至教育的孩子也总会被否定，人们会在背后指指点点，说："瞧，这就是那个女人的孩子！"

所以，女人不要让眼睛长在头顶上，更不能让眼睛长在下巴上！不会抬头正视自己的女人，注定会失败！看看自己吧，你并不差，你差的只是把自己放在一个更高的位置！很多时候，你之所以沮丧，是因为你看不到自己具备的实力和聪慧，也看不到自己的魅力和优雅。只要你以这个位置为支点，就可以挑战自己，赢得自己的成功，得到自己想要的东西。

在这个世界上，女人可以有一千种、一万种成功，比如事业有成，丈夫优秀，但这些都大不过战胜自己。这些都只是成功的外在形式，真正的成功内因是战胜自己，只有跨越了自卑和自我约束的女人，才真正能够活出自己喜欢的模样！

狂妄的女人有救，自卑的女人没有救

狂妄的女人看上去虽然疯狂，但不会为不做某件事情找借口，而是勇敢地接受挑战；自卑的女人则是否定自己，胆怯退缩，一直给自己找借口，久而久之，自卑就成了性格，结果就是人生处处碰壁。

有人把贬低自己的做法和自卑的心理比喻成“慢性毒药”，偶尔服一次、两次没关系，但若长期“服用”，就会导致自己“中毒身亡”。

慧茹和丈夫结婚后，奋斗了五年终于贷款购置了他们梦寐以求的房子。房子虽然经过一番装修，但远不及慧茹心中的理想状态。但她并不气馁，相信凭着自己和丈夫的努力，以后的房子会更大更漂亮。但意想不到的是，这种乐观的想法竟然在短时间内彻底消失了。

这要从慧茹去邻居家借盐说起。一天，她下班回家做饭，锅已上炉才发现家里盐没了，于是决定向邻居家借点。敲开邻居的门，迎接的是一位漂亮女士，慧茹刚要叫“妹子”，跟在女人身后的六七岁小女孩竟然说：“妈妈，是爸爸回来了吗？”慧茹一时不知叫什么好了。那位女士给慧茹拿盐，慧茹扫了一眼她家的装修，不禁感叹：“天哪，装得太华丽了！”

回家以后，慧茹看看自己的装扮和未完全装修好的房子，觉得无地自容，自卑的感觉一下子就占据了她整个心。之后，慧茹又通过各种渠道得知，邻居家的房子是一次性付清全款，而且不止这一处房子。那位女士已经是快40岁的人了，由于保养得好，整整让她年轻了十几岁。想想邻居的漂亮模样，慧茹感觉自己老了，她喃喃自语说："我就算再努力，这辈子也不可能达到人家的水平了！"

有了这种心态后，慧茹更加注意周围的人。她突然发现公司的同事、身边的姐妹一个个都比自己过得好，于是她开始自卑起来，觉得自己做什么都不行，是最不好的一个。工作起来也没精神，由于工作上多次出现失误，在公司婉言奉劝下只好离职了。

如果慧茹离职后还不改变自己的心态，一直这样自卑下去，那么她的生活只能越来越糟。只有振作起来，给自己信心，她才能走出自卑的阴影，改变现状，实现自己最初的梦想。

现实生活中，不少女人在面对难题时总是说"我肯定不行""我哪有那样的能力呀"，认为自己是一个渺小的人，没有多大的能力，重大的任务是不可能完成的。而仔细观察就会发现，那些充满自信的"狂妄之人"敢于挑战，最早过上他们想要的生活。唯唯诺诺、轻视自己的人，在原有的位置上停滞不前，更有甚者是在向后倒退。

世间事往往就是这么玄妙，如果你总是贬低自己，认为自己"长得不好看""工作和丈夫没前途""永远不如别人过得舒心"，长此以往，你的"预言"会真的变成现实。比如，你经常对另一半说自己哪里长得不好看，说不定之前他根本就没注意到，你的提醒反而让他在意起来，越看越觉得不舒服，你们的感情说不定就因这句话而终结。如果你经常在上司面前说自己不行，那么一旦有了重要工作，他是不敢交给你做的，那么晋升对你来说将是遥不可及的奢望了。

作为女人，我们一定要知道的是，自卑最好的解药就是内心强大的自信，哪怕是狂妄也无所谓。当你看到别人好时，也要看到自己的好；当你发现别人的优点时，也要多想想自己的优点；当你看到别人取得成就时，要暗自发誓比他做得更好，而不是暗地里哭泣。有了这样的积极态度和进取之心，你的自信心就会建立起来。自信是成功的开始，一旦内心充满自信，那么你距离成功也就不远了！

每天都要让自己像八九点钟的太阳那样自信

早晨八九点钟的太阳是最美的，如同少女，她从橙黄的羞涩，渐渐变得辉煌起来，美丽自信，令人无限遐想。正午的太阳炫目耀眼，像一个热烈奔放的女人，炽热张狂，让人无从招架。黄昏的夕阳则像是一位忧郁的妇人，让人不自觉地伤感起来。作为女人，我们应该每天都要让自己像八九点钟的太阳那样美丽、自信，充满朝气和活力。

我的中学同学梁冰冰是个相貌平平的女人，从小学到大学，她都像一朵野花，在荒野的一角默默绽放。梁冰冰从来没有大声说过话，她觉得身边优秀的女人太多了，能干的女人个个意气风发，漂亮的女人个个风情万种，面对她们，她只有叹息。所以，她把头垂得低些，再低些，整个学生时代都过得悄无声息。因为她一直都是默默无闻，所以大家对她的印象都是普普通通、平淡无奇。在她的毕业留言本上，写的都是祝福和鼓励的话，千篇一律。这些敷衍的留言让她更加自卑，因为大家连和她开句玩笑的兴趣都没有。

翻到最后一页，她看到这样一句留言："梁冰冰，我一直没怎么注意过你。今天，我发现你的字潇洒极了！现在能写这样一手好字的人太少了，我的留言本上涂鸦凌乱，唯有你的留言飘逸俊雅，令人眼睛一亮。都说字如其人，我认为，你是一个十分聪慧的女生，绝对内秀，你为什么一直深藏不露呢？把你的才艺展现出来吧，再聚首的时候，相信我会看到一个闪闪发光的梁冰冰！”

这是一位男生给她的留言，这位男同学是学生会副主席，还是一个大帅哥。能得到他如此青睐，冰冰震撼不小。毕业分别那天，这位帅哥特意跑过来，狠狠握了她的手。梁冰冰第一次看到这样欣赏的目光，她的泪水在感动中溢满了眼眶。

忽如一夜春风来，毕业后的梁冰冰，不再是羞羞怯怯，她给自己来了个全新的改版。在招聘单位的履历表上，梁冰冰用华美的笔迹写下她的特长：书法，美工。最后梁冰冰如愿到了这家单位的宣传部。从此她不再是唯唯诺诺、可有可无的小女人了，而是大胆发言，积极争取一切可以展现自己的机会。每天她都把自己打扮得精致优雅，当她仰着像早晨太阳一样充满朝气的脸走进办公室，同事们都会有耳目一新的感觉。她微笑着，在他们羡慕和欣赏的眼光中，更加自信地开展手头的工作。朋友们每次见到她都很惊讶：“冰冰，你的气色怎么这么好？你连走路的姿势和说话的声音都变了！”

记得有位哲人说：“拥有自信，你就成功了一半。”确实如此，梁冰冰凭着自己的才华和努力，终于赢得大家一致的敬意，随之而来的，是更高的职位和丰厚的薪水。

八九点钟的太阳是最具魔力的，它扫走了阴沉的暗夜，带来了灿烂的阳光。当清晨的第一缕阳光照上窗子时，请挺起胸、抬起头，给自己一个自信的姿态，然后目视前方，舒展笑容，生活的巨变就会在这时悄悄开始……

对女人来说，自信可以改变命运，这绝不是空洞的套话。自信不仅能使女人变得美丽，还能使女人活得精彩。而且，自信本身就具有很强的感染力，你脸上那朵灿烂的笑容，在愉悦自己身心的同时，也愉悦着身边每一个人。

每一个聪明的女人，都应该让自己像八九点钟的太阳那样自信，朝气而有活力。然而，并非所有女人都有着阳光般的笑容。有的因为身材肥胖、相貌平平，就开始灰心起来，同伴们意气风发，她却目光黯淡、神情忧郁。还有一些女人，因为家境和工作原因，总是沉浸在自卑之中，整天自怨自艾、伤感叹息。美丽有许多种，唯有自信是最可炫耀的资本。千万不要让生活磨灭了光彩，我们要让自己每天在灿烂的阳光中醒来！

第三章

如何两性相处——婚恋是门技术活，聪明女人动情之前先动脑

让他追你……直到你得到他

女人最喜欢问的一句话就是：“还记得当初你是怎么追我的吗？”对女人而言，一生中最幸福的事情，就是被自己所爱的人追求，因为男人的追求就是对女人最高的赞美。

聪明的女人总会想方设法让男生主动来追求自己。这样女人能享受到被追求的满足，男人也得到征服的快感，岂不是两全其美？

为了更好地把握自己的真命天子，即使是自己主动追求，最后也要转变成让他追你。这才是聪明女人高超的恋爱技巧，拥有了这种手段何愁没有好男人到手呢？

要让自己心仪的男人主动追你，你要学会以下几点恋爱技巧。

一、不要说太多有关自己的事情。如果从刚刚认识那一刻起，你就一直在讲有关自己的事情，我劝你要马上停止。知道吗？你这是在做对自己不利的事情，是在减轻自己爱情的砝码，男人一旦对你了解得一清二楚，你在他心中就再没有神秘感可言。如果无意中讲到有关自己的话题，千万不要全盘托出，一定要对自己的岁月演绎出一段神秘的空白，让他为之向往，而又永远不知道其中的谜底。比如，你可以告诉他你有一个和你一样漂亮的姐姐，但是关于姐姐的事情，又要只字不提，这样会增加你家庭和你自身的神秘度，他要想知道其中的秘密，肯定会对你锲而不舍！

二、不要让他把你送到家门。在男女约会的时候，最能够表现他关心你的事情，就是他送你回家。这时，你千万不要过于礼貌地请他到家喝一杯茶，最好只让他送到离你家不远的地方，而且不要为这件事情做任何的解释，这样可以增加你在他心目中的神秘感。

三、总是在某个时刻准时告别。在同一地点、同一时间和对方说再见，这也是一件相当神秘的事情。比如在约会的时候，无论你们玩得有多么开心，但到了晚上十点，你一定要做出不得不回家的样子。如果你能够坚持不懈地这样做，他会感觉你与众不同，从而激起对方想了解你的兴趣。

四、创造巧遇的假象。看过电影《超人》的女人都知道，电影中的主人公超人总能够和自己暗恋的女人巧合相遇，这也为他们的爱情增添了不少的神秘色彩。如果你也能在他必经之路，假扮和他巧遇，必能制造惊喜。千里姻缘也好，心有灵犀也罢，反正要让他感觉到，你们就是天造地设的一对，是上天在为你们牵起姻缘的红线。如果能做到这一点，他就会对这份奇妙的爱情珍爱有加，从而奋不顾身主动追求你，你们之间的关系也就真的水到渠成了。

作为聪明女人，你可以没有闭月羞花之貌，可以没有沉鱼落雁之容，但是你一定要有聪明而高超的恋爱手段，在与他不经意的交往中散发出你独特的个性和魅力，相信一定会吸引与你相匹配的男人！

被动的女人像植物，积极的女人像动物

如果我们把人生看作一场战斗，那么主动的女人肯定要比被动的女人更占先机。这绝对是一条真理。有人曾说，被动的女人就像植物，只有被动地等人浇水呵护，如果有一天主人忘记了，她们就只能眼睁睁地干枯而死。积极的女人就像动物，她们东张西望，自己喜欢的东西都过去碰一碰。只要主动争取，你就有 50% 的胜算。事实就是如此，聪明女人不会守株待兔，毕竟蠢兔子少之又少，你要瞄准优质男人果断出击，毫不手软！

我曾看过一个采访节目，主持人问男人是喜欢主动的女人，还是喜欢被动的女人？答案是各占 50%。这已经是一个了不起的比例。在我们心目中，传统的中国女人性格应该是温顺、矜持，“倒追”会有失淑女之风。而现在，这种思想观念正在发生重大变化。

刘刚长相帅气，是做 IT 工作的，他明确表示：“我喜欢主动的女人。被动的女人太敏感、太自尊，你即使用尽浑身解数，也很难明白她到底在想什么。而主动的女人就好多了，她知道自己需要什么，一旦决定去追，肯定已经是心中有数。与主动的女人交往，会非常轻松，不会感觉到累。”玲珑

是刘刚的女友，她说话更直接："我绝对不会傻傻地站在原地等爱情，因为我有权利追求自己喜欢的人！"

我的朋友亦佳，长得虽不算漂亮，可也有几分可爱，她在一个商场经营一家服装店。待人接物方面做得非常到位，认识她的人都很喜欢她。她的眼光独到，能把握客户心理，把生意做得很火。

近邻是一家饭馆老板，她有事没事就爱去饭馆走走，和店员说说话，和经理开开玩笑什么的。天长日久，她偷偷爱上了餐馆老板。亦佳问过我多次："怎么办呢？我爱他。"我问："你能确定他是个好男人吗？"她毫不犹豫地说："我能。"可她又说，"我不漂亮。我觉得他可能看不上我。"我鼓励道："爱情来临的时候，你一定要抓住它。你为什么不去引起他的注意呢？你没有试过，怎么知道他看不上你？"亦佳若有所思地点点头。

亦佳不动声色地继续做她的生意。只是在以后经营时，她很注意从那些顾客中捕捉商业信息，了解他们对餐饮的需求，然后把这些信息透露给餐馆老板。由于她的用心，这些信息自然对餐馆经营有着莫大的帮助。渐渐地，餐馆老板越来越被亦佳的思想和能力所吸引，开始主动找她，让她对餐馆经营出谋划策，两人共同分析，共同研究。

餐馆越做越大，一年后，亦佳成为餐馆的老板娘。婚后，夫妇二人开玩笑时，亦佳就把自己的小心思告诉给了男人。男人装作委屈的样子说："原来，你一直在故意诱惑我上你的贼船啊！"

在和异性接触过程中，如果你明知道自身的"硬件设施"不是强项，那就需要适时地展示自己的能力。利用"软件"的优势，这样可以让你更顺利地找到属于自己的幸福。

聪明女人是懂得如何准备"贼船"，并引诱心仪的男人"上船"的。好男人本来就少，如果你有幸遇到了，怎么能轻易错过呢？你不出手，别人自然会出手。主动出击"猎取"爱情，并不是男人的专利。对于女人来说，你的主动出击像捅一张窗户纸，一捅即破、里外透亮。不要怕遭受对方的拒绝，争取美满爱情是每个人应有的权利，女人更应如此。

主动“猎取”爱情，不是单纯直接地表白。没有任何铺垫的“我爱你”，只会加速爱情的死亡。女人追求爱情，要用女人的方式，直通通的“我爱你”，那是男人的方式。女人的方式是委婉的，是灵动的，是有技巧和智慧的。女人“猎取”爱情的最高境界是：你追到了他，他却感觉是他一直在主动追你。

如果你遇到一个好男人，千万不要站在原地傻等。单纯被动地等待，是等不来爱情的。可是，女人在主动“猎取”好男人的时候，却有几个雷区千万不能碰。

一、不要以身体来诱惑他。没有几个男人能抵挡住年轻女人的身体诱惑，好男人也一样。不要以为他爱上了你的身体，就会爱上你的人。你主动投怀送抱，只能让他看轻你，认为你不自重，个人生活太随意，从而更加不信任你。

二、不要以金钱来诱惑他。金钱很有用，但金钱并不万能。你能买来贵重的物品，但你买不到一个男人的心。他可能会认为花你的钱是占你的便宜，一旦他觉得便宜占够了，可能就要离开你。你即使感觉到了幸福，也是暂时的，不会长久。

三、不要自我炫耀。你把自己描绘成人中凤凰，只能让他感到更大的压力。你的优秀，你的魅力是通过一件件“事”表现出来的，而不是通过你的嘴“说”出来的。如果你的炫耀过了头，就成了吹嘘，有哪个好男人会喜欢一个爱吹嘘的女人呢？

四、不要自我贬低。“我虽然配不上你，可我愿意等你”“我爱你，哪怕你不爱我”这类的话，一定不要说出口。在爱情上主动出击，说明你有主见，勇于追求。你要得到的是他的爱，而不是他的怜悯和同情。事实上，你不顾自尊地贬低自己，可能连他的同情也不会得到。

为什么许多富豪的妻子相貌平平

为什么有些富豪的妻子看起来相貌平平？为什么很多女孩长相如同白开水，毫无吸引人的地方，但她们却能嫁入豪门，而酒吧里那些迷人的美女却运气不佳？那些优秀的成功男人究竟是怎样决定谁能做妻子，谁只能做女朋友？

相信这是很多女人正面临的现实困惑。虽然我们口口声声骂着“男人没有一个是好东西”，但无论如何男人是女人最大的买方市场。如果世界上没有男人，女人生存的意义也将大打折扣。所以，女人不能只从自己心意出发，也应该站在男人角度考虑问题。

我们知道，每个女人都会在头脑里对自己的爱情进行无数浪漫的想象，就像影视剧里演的一样——自己衣袂飘飘站在田野上，耳边听到踏踏的马蹄声，英俊的王子骑着白马飞奔而来……年轻的女人总是习惯把爱情想象得过于纯洁，哪怕她的王子除了一匹白马之外一无所有，她也会抱了他的腰，随他浪迹天涯。另一方面，许多漂亮女人容易过于自信，相信自己的美貌可以征服任何一个优秀的男人，但结果如何呢？美女总是受骗，最终沦为男人的玩物。

在现实生活中，如果你的王子除了一匹白马一无所有的话，是远远不够的。再超然脱俗的女人，她的生活也要以物质为基础，离开了这个是很难在世界上立足的，不然生活的品质也将大打折扣。如果你碰上一个既有白马又有金龟的王子出现，为什么不去钓一钓呢？

要想钓个金龟婿，聪明的女人，你一定要像金龟一样思考。

下面是必须思考的三个问题。

第一个问题：金龟王子喜欢什么样的女人？

答案是：越是金龟王子，越喜欢性情率真的女人。

小娇认识她的男朋友是在刚参加工作不久。有一天，她的公司来了几个人，为公司电脑安装系统。其中有个衣着朴素的年轻人，有条不紊地指挥他们安装。一边安装，一边和小娇聊着，大家说说笑笑很开心。那个年轻人聪明又健谈，给小娇留下很好的印象，于是就互留了电话号码，时不时联系。小娇做事率性而为，从不遮掩退缩，敢大哭，敢大笑，在外人看来，她就像一团火。那个年轻人曾问她，如果时机成熟，会不会考虑嫁给他？她毫不犹豫地说："考虑！"有一次，年轻人从单位打电话过来，小娇没有接到。当她回拨过去，说自己找某某时，那边说："你找某总啊，他刚和客户出去了。"小娇这才知道，原来那个貌不惊人的年轻人，是个金龟级的人物。可是自始至终，她都以为他只是一个普通的打工仔。

金龟王子由于自身条件优越，他的身边不会缺少主动投怀送抱的女人。甚至有的女人为了钓到金龟婿，会刻意地去卖弄风情和才情，这种做作反倒会引起男人的反感，因为金龟王子需要实实在在的真感情。本真的女人是最漂亮的、最吸引人的；用尽心机曲意迎合并不一定适合所有的有钱人，除非这个有钱人是虚荣浅薄的暴发户。

你本性热情，那就把热情展示给他；你本性善良，那就把善良展示给他；你本性幽默，那就把幽默展示给他。男人爱的是你这个人，并不是你某个刻意的卖弄。

第二个问题：如何让金龟王子迷上自己？

答案是：温柔、自信同时又有神秘感的女人，会令男人着迷。

金龟王子为了成功，他们付出常人难以想象的努力。他看上去很强势，家财万贯、能力超群，而其实在内心里，他却是最需要理解、最需要安慰的人。女人的性格有许多种，最适合金龟王子的是温柔型。善解人意、体贴入微的女人，才能让他的心有归属感。

对于金龟王子而言，他看惯了唯唯诺诺与百般逢迎。有的女人为了讨得他的欢心，恨不得把自己“低到尘埃里去”。其实，越是这样的姿态，越容易让男人看扁。

聪明女人从来不会一次性地把自己的所有展示给男人，哪怕他是金龟王子。要知道，神秘感也是一个女人所必备的性感元素。不要完全满足对方的好奇心，保留一份神秘感，就像是你蒙了多层的面纱，他的乐趣就在于一层一层地替你揭开。

第三个问题：怎样才能让金龟王子对自己死心塌地？

答案是：善于思考、有涵养的女人，能够最持久地吸引男人。

不要简单地以为，第二个问题和第三个问题是重复的。金龟王子爱上你，只不过是开始而已，而他对你的死心塌地，却是爱情的延续。

金龟王子由于自身的成功，最欣赏的就是有内涵的女人。对于浅薄的女人，他自然是不屑一顾的。没有谁不喜欢一个有思想的女人，善于思考会让你显得与众不同。其实，仅仅是你思考时微蹙眉、轻托腮的娇态，也足以让一个金龟王子迷醉。

金龟王子会比别的男人遇到更多的事。聪明的女人就要让自己变得宽容大度，不要斤斤计较，凡事放得下，不要揪住他的“小尾巴”不放。你的懂事明理，会让他死心塌地。

此外，要想擒得心仪的金龟王子，就要进入他的生活圈。美国一个著名的心理学家给女人爱情淘金的建议是：“经常出没在优秀男人的视线内，让他注意到你的存在。”以亿万富翁比尔·盖茨为例，他曾是众多女人心中的丈夫人选，女人们梦寐以求希望能结识比尔·盖茨，但万般努力仍然无功而返。比尔·盖茨最后迎娶的不是外人，正是和他朝夕相处的女下属。

与女人相比，男人也需要安全感

朋友丽影向我诉苦。她说，她和男友小波已经恋爱五年了，却迟迟等不到他的求婚。我说，关于这个问题，你可以向他提啊。她说，提了，可他总是支支吾吾的，不给明确表态。丽影说，他这种态度，怎么能让我有安全感呢？这婚，到底是结，还是不结？

丽影我是了解的。她虽然相貌普通，但性格开朗大方，很懂得人情世故。凡认识她的人，都很喜欢她。她大学毕业后没有回老家，留在大城市工作。她唯一的不足——总是频繁地跳槽，很少在一个公司待上一年的。

我问丽影，你向他要安全感，但你给他安全感了吗？你在哪一个单位也不能安下身来，哪一种工作也不热爱，他可能觉得你的身都留不住，怎么可能留下你的心呢？

后来经过了解，事实果真如此。小波说，丽影频繁地从A公司跳到B公司，从B公司又跳到C公司，谁能料到明天她会跳到哪里？也许会跳出国门，冲出亚洲，走向世界也说不定。我希望她能安稳下来，心不能太野。对于她现在飘忽不定的状况和飘忽不定的心，我实在是难以下定决心迎娶，因为太没有安全感了！

相对于女人来说，男人同样需要安全感。男人为事业奔波，劳心费力，疲于奔命，他面临的压力比女人更大。他成功了，那是他付出了常人难以想象的努力，他需要在家里享受片刻的宁静和放松，你能不能给他？他也有挫败的时候，挫败的他需要的是女人的理解、支持和安慰，这些你能不能给他？

男人的责任心和事业心，让女人有安全感；而女人的温柔眼神及深入内心的理解和沟通，则会让男人有安全感。男人最害怕的就是后院起火。他或许可以经得起事业的失败，却不一定经得起女人的背叛。就像所有的雄性动物一样，男人的领地是不能随意侵犯的。男人只有确定你能够给他安全感之后，才会为你许下婚姻。

当你谈及结婚，男人就开始犹豫不决、故意打岔转移话题的时候，聪明的女人一定要想一想——是不是自己哪方面让他感觉到不安全？让他感觉到有危险？

你的容貌出众，会不会让他没有安全感？曾有一个男人在网上说，他的女友是个空姐，整日在天上飞来飞去，和他在一起的时间很少。而女友容貌超群，追她的人非常多，以致他整天忧心忡忡，担心女友移情别恋。长得漂亮，不是你的错，只要你不浓妆艳抹、搔首弄姿，只要你自尊自爱，他还有什么觉得不安全的？

你的性格，会不会让他觉得不安全？外向、随和的女人是人人都喜欢的，但你的随和与不拘小节会不会引起他的误会和猜疑？其实也没什么，身正不怕影子歪，即使是真的有人向你示爱也没什么，只要你态度明确，说明自己心有所属，没有谁会死缠烂打的。与朋友有原则有立场地相处，就是给男友服下的最有效的定心丸。

你的现状，会不会让他没有安全感？你不能让他担心太多。你做事大方得体，待人热情真诚，与同事朋友关系和谐融洽，你热爱自己的工作，有自己的爱好和兴趣，不会无聊也不会无趣……他需要的就是你这样的人！你一切安好，正是他所要的安全感。

在思想观念上，你也要给他安全感。要有正确的择偶观、金钱观。你要让他知道，你爱的是他这个人，是他的所有，包括缺点和优点，而不只是爱他的钱袋，也不只是爱他的脸蛋，更不是爱他的社会关系。你要让他明白，嫁给他是你一生最快乐的事。

安全感是互相的，只有你让他觉得有安全感，你才会得到他给的安全感。在这个女人向男人伸手要安全感的时代，我们有没有想过，男人其实也是需要安全感的！

男人一向以雄性姿态饰演着他们的社会角色，让人觉得他们有的是力量与勇气。事实果真如此吗？我们只要叩击他们的内心，就会发现他们对安全感的需求从来没有停止！

不要被“伪潜力股”骗一生

年轻时，女人很容易被“伪潜力股”耽误一生。等梦醒时，为时已晚，自己最美好的时光已经远去了。我们到处可以看见风韵犹存却面容憔悴的女人，坐在破烂的公交车里，用羡慕的眼神望着路上豪华气派的轿车，心理上大受刺激。她们年轻时必定是众男竞追的美人儿，就因押错“潜力股”，一生就这样草草交代了。

为什么会出现这种情况呢？有句话说：“有钱的男人直接用钱把女人砸晕，没钱的男人只好靠三寸不烂之舌把女人侃晕。”这就是两种男人追求女孩的技巧，很多美女都是被后一种男人的“空手道”搞定的。这些男人把自己伪装成“潜力股”，装出一副野心勃勃的模样，不花一分钱，就欺骗了女人的感觉，女人就以为“潜力股”在眼前出现了！女人知道自己年龄不小了，金龟婿还没钓到，于是就退而求其次——我就是伯乐，还怕找不出一匹千里马来？所以女人们美目如炬，一心要开发身边的“潜力股”，梦想有朝一日，粗朴的老瓷碗就会变成金饭碗，任自己受用一生。这时，一些主动靠上来的男人口吐甜言蜜语，女人就开始失去理性的判断力了，开始认为他就是自己所要寻找的“潜力股”。

在上海工作时，我的同事李静是高干子弟，自身条件十分优越，这使她的眼光很挑剔。这样挑挑拣拣，不知不觉步入“剩女”行列。家里人很急，可是李静不急，她想，找对象的事马虎不得，天上的星星被人家摘光了，地上不是还有闪光的钻石吗？哪怕是找到一块原矿石，她也有足够的勇气和耐心把他打磨出来。没多久，李静认识了一位学经济的研究生，他居无定所，整天为应聘的事在各个大学之间奔波。虽然这个男人无权无钱无事业，可是李静很看好他。李静认为，这个年轻人志向远大、见解独到，凡事都特有想法。虽然他目前潦倒落魄、捉襟见肘，可他并不觊觎她家的上层社会关系，清高就是有志气，李静甚是满意。于是李静认定了他就是自己要找的那颗蒙尘的钻石，坚信他的困顿只是暂时的，从他消瘦的身上，她似乎看到了希望的曙光。她觉得自己找到了一只值得投资的“潜力股”。

这男人进入职场，在几家公司都无法待得长久。周围的人提到他，都认为这家伙夸夸其谈、志大才疏，不肯踏踏实实地做任何事。后来，李静利用父母的地位，疏通了各路关系，让他终于在一家不错的单位安顿下来。李静长吁了一口气，觉得他闪闪发光的时候到了。可是一年过去，两年、三年、五年过去了，他还是老样子，整天一副自命清高、壮志未酬的样子，工作业绩却平平。李静责问他时，他却牢骚满腹，抱怨那些烦琐的工作湮没他的才华。土蛇终究也没能变成真龙，这时候李静真正是欲哭无泪。

世界上到处都是像李静这样异想天开的女人，她们自以为目光远大，固执地相信男人是可以调教出来的。她自信自己有慧眼识珠的能力，一旦遇到中意的苗子，就妄想着把他培养成想象中的出色男人。于是她不计较他的境况凄凉和穷途末路，坚信他有飞黄腾达的那一天。女人一旦产生了这样幼稚的幻想，那是无论如何都劝不回的，除非让现实说话。

选男人如同做投资，这个观点没错，错的是越来越多的女人被一些假装很有企图心的“潜力股”蒙骗了一生。她们认定自己看中的这个就是潜力股。她们一生最大的渴望就是盼他飞黄腾达，自己跟着荣华富贵。尽管对这男人并没什么真情，但就为了瞧自己押的这张牌能不能赌赢。更可怕的是，这个男人可能一无长处，连基本的生存能力都没有，这样的男人又怎能在未来的竞争中取胜呢？托付终身岂不危险？

我们听过太多望夫成龙的故事。在选夫的问题上，那些女子总是很自信，她们觉得自己眼光绝对准，自己选中的男人，日后绝对可以成功。即使那些男人落魄得连饭都吃不上，她们也保持着坚定的信念。为了自己的梦想，她们甘愿拿青春做赌注。那些故事总是很完美，男人最终成功了，那时候女人已经很老了，可她毕竟得到了满意的生活。可是，我们在替她欣喜的同时，却忽略了一个最重要的问题，这些女人胜得太过侥幸，如果当初她押错了宝，那不是一条龙而只是一条虫，又会是个怎样的结局呢？

他真的是“潜力股”吗？要知道，“潜力股”有他的优点，要不然怎么会成为现今闺门中的流行语呢？既然是潜力股，就当然是有可供开发的价值。他现在虽然是毛头小子，但是他骨子里隐藏着优秀的品质，是个好胚子。他不会甘于平庸，一辈子居于人下，他现在是蓄势待发，总有一天会发达。很多女人就是被这种幻想所打动，当他还仅仅是一粒种子的时候，就幻想他成为一颗丰硕的果实，而结果往往背道而驰。

任何投资都是有风险的。你判断他是潜力股，他就果真能一路飙升吗？牛市并非天天都有，如果你的潜力股栽到手上，变成了垃圾股，而你已经赔进了青春，搭进了感情，那么你认为自己还能够再来个咸鱼大翻身吗？

也许你没有看错人，他果真很优秀。这个时候，我们不得不佩服你的投资眼光。可是，并不是所有茁壮的树苗都可以长成栋梁之才的。决定成功的因素太多了，女人对男人的期望，并不能左右一个男人的未来，他发展空间的大小，完全取决于自身的努力。当然，万事俱备之后，还有一个机遇的问题。寻求机会、把握机遇，也是男人成功的关键所在。

对于所谓的潜力股，在练就一双慧眼之前，女人还是先不要急于购买。最后，我提醒姐妹们一点——夸夸其谈的男人大都靠不住，真正的潜力股总是在踏踏实实地努力着。

左手拿鞭，右手拿糖——再厉害的男人也乖乖投降

有读者曾私信问我：“男人是否也需要哄？”当然要啦！而且，哄男人是一件开心的事，不像男人哄女人，要叫她“乖乖”“宝贝”之类；你大可以叫他猪头、笨熊、呆瓜什么的……反正他也知道，形容他的都没什么好词儿，习惯了，也觉得亲切。看他傻乎乎地抽两下鼻子，可怜兮兮地望你一眼，你就拍拍他的脑袋，鼓励他几下，让他心里美滋滋的……哄他的“大业”也就大功告成了。

亚亚是个聪明的女人，优雅可爱、温柔体贴，但就是有一样——不擅长做家务。她在家中是独女，父宠母爱，哪里舍得让她抹窗擦地、洗衣做饭呢？当亚亚与张岳谈婚论嫁之后，她妈妈就犯愁了：女儿以后的家务可怎么办呢？这可是女人不得不面对的重活啊！于是就天天逼迫亚亚加强训练。虽然接受了母亲的突击强化，但亚亚并没有真正把家务的事放在心上。

结婚那天，在亲友见证的情况下，主婚人问张岳：“你愿意娶她为妻，并与她共同承担家务吗？”霎时，全堂上下轰然大笑。张岳只好硬着头皮回答：“我愿意！”婚礼结束后，闺密对亚亚说，这种场合让男人表态固然

不错，可只怕流于形式，日后不听话怎么办？亚亚却是一副胸有成竹的样子。果然，以后的日子，小两口在家务上既有分工又有合作，张岳从来不敢违背命令。就这样，亚亚把小家庭经营得其乐融融，连亚亚的妈妈看了都惊诧不已。

周围人羡慕她有个又帅、又有本事、又会体贴人的好丈夫。她们向亚亚讨教怎么能调教出这样的老公。亚亚的答案是男人要哄。她说：“很简单，一手拿鞭，一手拿糖，还怕他不乖乖就范？”她举个例子说，有一次张岳在电脑前疯狂玩游戏，这时她想让他把地板拖一下。她走上前去，帮张岳按摩肩：“很累吧，肩痛吗？我帮你揉一揉。总坐着不活动，身上的零件都要生锈的。不如，你去把地板拖了吧，正好你也活动活动。”在如此温柔攻势之下，张岳有什么理由拒绝呢？他欣然接受了这种“活动活动”的锻炼方法。有时候，这么“诱惑”不起作用，亚亚会柳眉竖起，樱口厉张：“你都玩了半天电脑了！在我生气之前，快去把地板拖了去！”给糖还是给鞭，要视情况而定。

男人就像一个永远长不大的孩子，心理上需要女人来哄。小时候是妈妈哄他，做错事了妈妈严厉地批评，他低着头乖乖认错。男人长大后，这一重要义务于是转交给了女友或老婆，男人渴望自己的女人像小时候的妈妈那样哄自己，做错事了，也需要一个批评的人，让自己时刻警醒。但女人一定要记住，批评的时候不能把他说得一无是处，否则他接受这种不良信息后不仅会相当反感，还有可能形成一种负面心理暗示，可能以后就慢慢朝着无能的方向发展。这样一来，最终连累的人还是你自己。

左手拿鞭，右手拿糖，这样才能调教出好男人。那么，真正的好男人的标准是什么呢？答案很简单，在外当“大狼狗”，在家当“哈巴狗”！哪个女人不希望自己的男人是人中极品呢？“上得庭堂，下得厨房”不仅仅是对女人的要求，也同样是对天下所有男人的要求。走出门去，好汉一条！进得家来，贤夫一个！

我听到很多姐妹们抱怨，现在的好男人越来越少了。其实不然，天生的好男人也有，但是很少，你挑中的概率比买彩票中500万大奖高不了多少。更多的好男人是女人后天调教出来的。对一个聪明的女人来说，调教男人就像是种果树，你该浇水就浇水，该施肥就施肥，该捉虫就捉虫。当然了，他品种不好的话，那就马上嫁接，他疯枝疯杈，那就砍掉没商量。如此费尽心力地培养，还怕吃不到美味的果子？

聪明女人懂得保持距离，笨女人认为恋人间不需要隐私

“你跟我交往以前，是不是曾经爱过一个男人？他是怎样的人？从事什么职业？那是多久以前的事了？你俩关系发展到什么程度……”你的男朋友是不是也问过你这些问题呢？

男人总是绞尽脑汁、想尽一切办法要套出女人的“口供”。他们这种打破砂锅问到底的精神，到底是从哪儿来的呢？作为一个聪明的女人，一定要在这个时候控制住自己，不能什么都跟男人说，要知道乱吃东西可以死人，乱说话也会让你遭殃哦。

朱琳是个桀骜不驯的女人，她的一部分青春是在近乎疯狂和放纵中度过的。但自从遇到温文尔雅的主管陆炎，她就忽然矜持起来，浑身散发出绵羊一样温柔的气息。

由于自己的努力，她终于和陆炎相爱了。由于她太爱他，太在乎他，所以她无法漠视和原谅自己的过去，并因此陷入深深的自责之中。生日那天，几杯红酒下肚，朱琳鼓足了勇气，告诉陆炎自己种种不堪的往事。陆炎显然受到打击，好几天不与她主动联系。在公司遇到，他的眼神迷茫而又绝望。

朱琳很懊悔，她觉得陆炎不会原谅自己了。二人就这样分道扬镳。

男女之间，就算再怎么相爱，终究还是两个人。既然是两个人，怎么可能没有隐私？就算对老爸老妈这两个最亲的人，相信你也有很多不想让他们知道的秘密吧？太多女人像竹筒倒豆子，将自己的隐私毫不保留地告诉对方，甚至身上哪里有个胎记都要让对方知道，这就有点危险了，尤其是那些交往还不是特别密切的朋友。除此以外，女人还有一个通病，就是对另一半的经历过分好奇，不厌其烦地询问和追究，把人家像剥洋葱一样一层一层地剥开来，而且还理直气壮地说："爱人之间不分彼此，我不允许你有任何隐私！"

人人都有自己的过去，保留一份隐私，就是保留了一份尊严。俗话说，坦白杀死爱。很多执迷不悟的女人，为了表明自己的真爱，率先敞开心扉，毫无保留地袒露自己，把内心的隐私一股脑倒出来给他看，缺点和伤疤，统统晒在阳光下。也许刚开始时，对方会因为你的坦诚对你珍爱有加，但最终却因你弱智的坦诚，错失自己的爱人。

作为女人，千万不要拿自己幸福来做赌注。要学会守口如瓶，保持适当的距离。藏好自己小小的隐私，并不会妨碍你们的爱情，保留它正是为了保护爱情，那些秘密一旦公开，不仅会伤害自己，更会伤害到你最爱的人。

为什么要背着那样沉重的包袱呢？爱情固然需要忠诚，但也需要隐私。不必因此而自责，你只是暂时不便开口而已。有时候，男人比女人更脆弱，也许在你看来这些坦诚只是忏悔，但是对男人来说也许就是致命的打击，你能断定他不被这种坦诚击倒吗？这种坦白未免太过残忍。不要急于对他和盘托出，编几句善意的谎言又怎样？

记住，千万不要在他面前炫耀你辉煌的情史，也许他表面上不动声色，说自己不在乎，其实男人比女人更会吃醋。也许有一天，他会拿这个作为攻击你的借口。事实正是如此，越是爱着你的男人，越会在乎你的隐私。越是在乎你，越会斤斤计较，最后逃之夭夭。

第四章

如何打拼职场——女人光鲜就那几年，以后拼的是实力而不是脸蛋

即使你嫁了一个超级大款，也一定要有自己的工作

有个女人经常在朋友圈晒自己的心情和照片，照片内容全是向人炫耀她做全职太太的幸福生活。她老公潇洒帅气，又能挣钱，对她百依百顺，她的生活舒适得在别人看来都有些堕落了，居有豪宅，出有香车。她甚至说，自己每天考虑最多的事就是如何把包包里的钱花掉。她发自肺腑地说，庆幸自己是个女人，能够享受到如此生活，然后她告诫同类——女人嘛，做好女人就可以了，世上唯有两件事最值得做：一是爱惜自己，一是取悦男人。

对这种女人的表现，我们只能哑然失笑。有人甚至猜测，这女的肯定是被有钱人包养的小几（说不清第几位了）。不然，她怎么会想到单纯凭借姿色来赢得一生的幸福呢?

也许这个女人当下很幸福，可这种仅仅凭着施舍得来的幸福，能够维持几时？女人如果要想得到永远的幸福，首先就要做独立的自己。男人和女人在一起，是希望两个人生活得更好，至少比原先独自一个人时的处境有所改善。否则从经济学的角度考虑，这场婚姻就不合算。打个比方，男方有房，女方有车，经过婚姻的整合，双方既享受了房子的温暖，又获得了车子的便利，强强结合之下便是双赢。

女人要能够养活自己，经济上要独立。没有他的日子里，你首先要能让自己吃饭、穿衣。别认为他的就是你的，他的实力再雄厚，他拥有的钱再多，那也是人家的。也许他一开始承诺，要永远给你吃穿，但那是他还喜欢你的时候。时间长了，他就会觉得你是靠他生活的，你是他的附属品。他想要你，你就是他的，他不想要你了，就会把你甩在一边。反正他知道你离开他是活不下去的，哪里会去顾及你的感受呢？

聪明的女人，在物质上绝不会依赖男人。她们知道，即使嫁给大款，也不会轻易放弃自己的工作。她们懂得只有自己独立优秀，男人才会爱自己，生活才能更精彩。

女人一定要有一份工作，有稳定的收入，只有经济上的独立才能保证人格上的完全独立。不要听信男人的话，说什么“你在家享福，我来养你”，当他把钱放在你手上时，你会感到他像在施舍一个乞丐，你一点尊严都没有。

在这里，我给大家的忠告是——就算你的老公身家亿万，你也一定要有自己的工作，有自己谋生的本领。他可能嘲笑你，不在乎你挣的那几个小钱，你自己可千万不能不在乎，因为那是你在这个世界上安身立命的本钱！

设定远大目标，思考后半生将以什么谋生

女人也要有梦想，应该为自己设定一个远大目标，思考一下后半生自己将以哪个工作来谋生。不要期望吃软饭，更不要有依赖思想。就算你幸运地嫁个好男人，也不排除“政变”的可能。如果你找到自己生存于世的方式，至少可以自己养活自己。

如果你相貌漂亮，请一定要珍惜自己的美丽，但不要把它当成吃饭的资本。一个美女如果稍微勤奋点，会在事业生活中更如鱼得水，这是你和丑女相比的优势所在。可惜的是，很多长相俊俏的女人意识不到这一点，她们往往过于重视自己的容貌，而忽视了努力。

也许你认为这一切都不是自己要考虑的，因为我们又不是男人，要做什么“强人”呢！作为女人，自己只要能舒舒服服地生活就可以了，外面的事业是男人的，家里的“事业”才是自己的。但真的是这样吗？错了！你应该给自己一个远大的前程和目标。如果你已经找到爱情了，那么恭喜你！但这远远不够，你还需要找到除了爱情之外，更能让自己坚定地站在大地上的东西，这就是你安身立命的工作和事业。

也许你要说，我要做成功男人背后那个伟大的女人，但你想过没有，成

功男人的背后同样有一个痛苦的女人，而这种痛苦一般是在男人成功之后。因为女人的年轻和美貌是不断递减的，而男人赚钱的能力则是随着时间不断递增。为什么你非要把自己的幸福和成功建立在一个男人身上呢？你需要一份属于自己的东西。这样一来，当爱情离去，婚姻破裂，你的男人离开你的时候，你才不会一无所有，你才可以直面你的男人，而不是去哀求："我做错了什么？我可以改。没有你，我活不了，只有死。"生命如此卑贱，你愿意这样吗？

当然，我并不是倡导你要做个女强人，去傲视男人，而是你要和他一样，不断地让自己成长。这样，当美貌过去，你会拥有气质和韵味，你还会拥有自信和执著。对一个女人来说，嫁人是头等大事，但有一份自己的事业更是人生大事。你需要拥有自力更生的生存能力，你需要用工作解决你的温饱问题，你需要在社会中历练，不被淘汰。家只是你暂时的休息所，但它并不是你一生的避风港，你需要用自己的双手让它更坚固，这些都不是别人可以替代你的，包括你的爱人。

假如你老公很上进，你要赶紧跟上，否则会被他淘汰。假如你的老公很颓丧，你要自立又自强，否则会被他拖累。假如你的小孩很聪慧，你要赶紧学习，否则会被瞧不起。如果你的孩子很愚笨，你要赶紧攒下资本，因为你可能要照料他一辈子！

不要以为嫁了一个好老公，自己就可以"退休"在家。你还年轻，还没有到退休养老的年龄。用年轻、充满活力的身体，提前享受老年的待遇，对你来说并不是什么好事。这是慢性自杀，这样做的后果就是——把你年轻的心，养成老年的心，最后渐渐衰竭而死。

虽然你可能挣不了太多钱，但当你工作的时候，说明你还有年轻的斗志，还有对未来的渴望。工作不仅可以让你有能力购买名牌包包，一次异国的旅游，一份丰盛的晚餐……更是一种精神上的自由，一种自我的幸福。除了感情以外，你还有一份踏实可靠的寄托。

巾帼不让须眉，请打造你的职场竞争力

每个人都希望自己居高位、拿高薪，咱们女人也不例外。在这方面，巾帼绝对不能让须眉。既入职场，就不要在混沌中熬天混日。“做一天尼姑念一天经”是不可取的，我们应该有勃勃雄心，干出一番事业来！

但你究竟官居何位、钱拿几何，最终还是要由你的身价来决定。在激烈的市场竞争中，女人应该如何培养自己的职场竞争力，提高自己的身价呢？

王俐俐研究生毕业以后，有两家公司同时挑中了她，一家是全国著名企业，职位是办公室文员；另一家是中型公司，正在发展中，职位是某部经理。王俐俐选中的是那家大公司，进去做了一名普通职员。她并不以普通职位有多低，相反工作积极、踏实肯干，工作业绩提升很快。她渐渐受到领导赏识，被提拔为项目主任，后来又被提为总经理助理。总经理助理的工作要复杂很多，她明白，新的职位必定会提出更高的要求。从此她更加注重学习专业知识，积累各方面的行业经验，无论是项目、财务、人力、市场等，她全都涉猎。五年以后，公司的人事总监辞职，王俐俐以压倒众人的优势，顺利获得这个职位。

王俐俐是个很懂得提高自己身价的女人，在短短几年内，她自身的职场竞争力得到了很大的提升。如果你想提高身价，就必须在当前的岗位上做出业绩。企业给予员工的重视程度，依据就是业绩的好坏。或许你的工作够普通，但你同样能够走出不普通的路子。

要想打造职场竞争力，你要努力使自己成为企业不可缺少的人。你要时刻关注企业发展，了解动态，早做准备。进入公司，你要不断学习，不断进步。有些女人可能拿“学习”这两个字不以为然，她们想，既然已经离开了校园，还学习什么呢？其实不然，你只有把自己打造成一个领域的专家，同时又是全面工作能手，这样才能获得更多安身立命的本钱。

除此以外，还有一个公认的提高身价的方式——跳槽。诚然，正确的跳槽能给自己带来更大的发展空间，但跳槽也存在很多误区。我们应该怎么看待呢？请看下面的案例——

李颖是某化妆品公司的区域销售经理。刚开始做时，当地的销售状况一直平平。几年来通过她的不懈努力，该地区从全国的后进变成了先进。公司规模扩大，她本以为凭自己的能力可以在职位与薪酬上有所改观，而事实上，她的一切丝毫没有改变。于是她开始思考自己的将来，难道就一直这么下去吗？此时，恰好另一家知名化妆品公司在全国诚招华北区经理，她果断辞去原有工作，跳槽而去。自然她的身价与以前不同，薪酬翻了一倍。

由此可见，在不得已的情况下，跳槽确实能帮你实现自我价值。然而，面对跳槽这件事，你一定要做好充足的准备。关于跳槽，我有以下几点建议——

第一，不要跳到不熟悉的行业，不熟悉的部门。除非你发现，原来的工作真的不适合你，或者你对另外的行业更感兴趣，决定彻底改变自己的人生轨道，否则千万不要冒这个险。因为，一旦踏进陌生行业，即使你是原来行业的“白骨精”，但新的行业肯定会让你手足无措，无所适从。进入熟悉的行业和部门，你会轻车熟路，业绩在短时间内就能显现，你的能力和资历都在一点一滴的积攒过程中，不知不觉你就成了行业大咖。

第二，不要冲动跳槽。这样不但不能提高你的身价，相反会造成你的“滞销”。在工作不顺的时候，你会想“先脱离目前境况”再说，于是冲动跳槽。虽然当时很爽，但这是非常欠考虑的做法。跳槽必须经过深思熟虑，就像下棋一样，看清后面怎么走，再果断落子。

玩转办公室——女人职场生存“潜规则”

如果一个女人想在职场生存，并且立于不败之地，不仅要有骄人的工作业绩，还要有出众的个人形象。当然，个人形象不是指你一定要美貌惊人，而是说你的人品在同事和领导心目中的印象。如果你连与同事融洽相处的能力都没有，又怎么能够出色完成工作呢？所以，要想成为职场女王，我们要让自己掌握一些“魔力法则”。

有不少年轻女人混迹职场，自恃毕业于著名大学，往往心高气傲，目中无人。而另有一些女人，学历不高，不论做任何事都小心翼翼、战战兢兢，生怕走错一步，惹人非议。这两种态度都要不得。在职场打拼，一方面你要加强学习，提高工作水平，另一方面要处好同事关系。如果有人对你“传、帮、带”，你的工作业绩必定能够突飞猛进。

在职场，搞好“办公室关系”，是玩转职场的第一步。那么，如何以最快的速度融入办公室环境中呢？其实很简单，在工作时专注认真，但在午休、周末等休息时间，你要积极地跟他们打成一片，就像歌中唱的那样，“爱着你的爱，痛着你的痛”。看看他们在做什么，他们喜欢什么，他们谈论什么，你总能找到与他们共同的爱好和话题。

杨洁在一家电商公司上班，办公室里年轻人特别多，似乎人人都喜欢唱歌跳舞，三天一小聚，五天一大聚。杨洁本来是个性格内向的女人，不太善于在人前表现，可为了与同事有共同爱好，她也试着放开自己，刻意地学了几首拿手歌曲，还去培训班练了舞蹈。她在群体中的表现越来越好，让大家刮目相看。

从此，她跟大家打成一片，大家都拿她当自己人看待，相互之间的友谊增进不少。更重要的是，杨洁在工作中遇到什么难题，都随时可以提出来，向同事请教或交流，他们从来不会拒绝。这样过了几年，当初腼腆的杨洁，已经俨然是人人称赞、游刃有余的“办公室老手”了。甚至，她还总结出几招经验，向新入公司的小姐妹传授呢！

一般来说，女人要想搞好“办公室关系”，要牢记以下几条“潜规则”。

一、切忌做“长舌妇”。你所在部门如果女人多，这个时候尤其要注意守口，千万不要做大嘴巴。因为女人多，事必多。同时尽量保持中立，不要拉帮结派，今天和这个人香，明天和那个人臭，这样下去，你必将成为害群之马。

二、不要人前说甜言，人后传恶语。切忌和某些同事来往太过密切，密切到不分你我，密切到隐私共享。私交过密可能会为自己埋下定时炸弹，你不知道什么时候会引爆。不要泄露个人隐私，如果某人把她自己的隐私告诉了你，这是她对你的信任，你只能烂在心底，切忌对外传播。别散布小道消息，事情到该发生的时候，自然会发生，不用你去猜测。别总是向同事发牢骚、倒苦水，无休止的抱怨每个人都会厌烦。

三、没事别向领导打小报告。私下里做小动作，这种女人最遭大家憎恨。你以为自己在讨好领导，殊不知这是在给自己挖坑。专心做好自己的事，用实力说话，比什么都强。

四、大事化小，遇事低调。女人天生就是情绪化动物，遇事容易看不开、想不透。如果你和同事有矛盾，千万别公开、别激化，大事可以化小，小事可以化了。只要不是原则性问题，都可以退一步海阔天空。即使错全在他，也不要盛气凌人，非要拼个你死我活，辩个是非黑白。得饶人处且饶人。

五、得意之际别张扬。春风得意是最爽的，但其实也是最危险的。人性就是“恨人有，笑人无”，当你炫耀自己，一不小心，就可能得罪了一帮人。记住，成功不是个人的，谦虚一下，感谢别人的帮助，别人会更加尊敬你。

女强人的经济，小女人的情怀

有人曾发起这样的讨论——你愿意做女强人，还是做小女人？在很多人看来，女强人和小女人的关系永远是矛盾对立关系，不能融合。其实不然，即使你是一个女强人，也一样能够做个小鸟依人的小女人。你要有女强人的事业，更要有小女人的情怀！

女强人有什么样的特点？富有事业心，热情蓬勃、雷厉风行、独当一面，轻松搞定非常棘手的事情，逢山开路、遇水搭桥，任何困难都能化解得畅通无阻。

小女人有什么样的特点？娇柔温润，你侬我侬，在男人身边撒娇邀宠，让男人保护她、照顾她、疼爱她，像一只被男人惯坏的宠物。

聪明女人一定要懂得——女强人是你在外面的形象，而小女人则是你在家中的角色。两个角色，对于一个聪明的女人来说，是和谐统一、完美融合，而不应该存在矛盾。

梁叶本来是个性情柔弱的小女子，嫁了一位幽默的教师。虽然老公挣钱不多，可也足以养家。她整天在家打理家务，无欲无求。她有一个闺中密友，嫁的老公很是富有，有房有车，与她来往时，看起来很是风光。梁叶渐渐就不再满足现状了。她擅长平面设计，于是重操旧业，自己开了一家设计公司。她在公司忙碌，所有的事都是她一人操办。

经过几年历练，她的公司一点点发展壮大，慢慢地她竟成了雷厉风行的女强人。她的事迹上了电视、报纸和网络。正当事业处于巅峰之时，她没有想到，从事教师职业的老公，会把一纸离婚协议交给她。梁叶这才猛然醒悟：几年来，她只顾了发展事业，却忽视了老公的感受，对他的关心与照顾太少，让他备感凄冷。

从此，梁叶不再把全部精力放在事业上，有些应酬能推就推，下班总是尽早回家，哪怕为他煲一锅靓汤。她关心老公的饮食起居，开始在他面前撒娇使嗔。渐渐地，梁叶发现，老公脸上又开始有笑容绽放，他又成了当初那个幽默风趣的男人。

单纯的女强人，人生是很难幸福的。在外面，名利场上的竞争，她必须精心算计，勾心斗角，拼力应付。她要不断进取，她要维护耀眼的事业，有什么不如意的事情，都要强行咽下，再委屈也不能流下眼泪。由于经济独立，她往往过于自我，与人关系难处。在家里，她也会以一个高高在上的面孔出现，她的话就是命令，不许反驳，只能照办。不会温柔，不会体贴，不肯收拾家务，不会照顾家人，不会付出柔情，自然也收获不了蜜意。生活中的劳累和辛酸，使她看起来不像一个女人。这样一来，家已残破，即使挣得不菲家业又有什么用?

单纯做一个小女人，也不会有多幸福。你性格温柔，百依百顺，你小鸟依人，享尽了他的宠爱，似乎嫁给了一个好男人，就握住了一辈子的长期饭票。你安于现状，没有追求。你所关心的只是吃喝玩乐，只是如何讨他欢心，什么人生前途、人生目标，全都摒弃。可是，即使你极力讨巧使乖，但由于你完全依靠他人，在家中根本没有话语权。你在令人羡慕的光环下，失去了自我。再说，谁敢保证他能爱你一生呢？如果有一天，他移情别恋了，你的下场就会惨透了，因为离开了他，你将寸步难行！

聪明的女人，擅长集女强人和小女人的优点于一身。两种方式互相融合，交相辉映，才是一个真正完美的女人！一个聪明的女人，既要有女强人的实力，又要有小女人迷人、优雅的魅力。女强人也有脆弱的泪水，小女人也能柔中带刚。女强人也应该有小女人的幸福，累的时候，有一个坚实的肩膀可以依靠，委屈的时候，有人温柔地替你擦去泪水。小女人也应该有自己的理想和追求，也应该一天天进步，不虚度宝贵的生命。

事实就是如此，聪明女人所追求的，是事业与生活中的“双面女巫”。有时是女强人，在外面春风得意，有时却要做小女人，小鸟依人，风情万种。这样的女人才足够智慧，足够聪明，从而才会足够幸福！

即使领着不菲的薪水，也要做小鸟依人状

女强人的爱情，这个话题总是负面更多。为什么强势的女人不容易收获完美的爱情？实际上，这里面有观点上的错误，也有手段上的错误，并不是说强势的女人就无法获得幸福，而是不管什么样的女人，在男人面前都要注重技巧。

孙玲是一家公司的副总，长相漂亮、能力出众，收入较高。而且，她还早早收获了自己的爱情。男友的薪水不如她多，但两人感情持续稳定，甚至已约好婚期。

这真让人嫉妒！上天仿佛把所有好事都放在她一个人身上了。很多人都感到迷惑，因为目睹太多高职位女人的感情悲剧，大家不知孙玲是如何将感情处理得这么有分寸的。

其实，孙玲没有什么秘诀。只不过，她在男友面前总是一副小鸟依人的姿态。在许多问题上，并不因自己薪水多而蛮不讲理。相反，她尊重男友的想法，敬佩男友在工作上的努力和上进。两人单独相处时，孙玲总会花些心思制造惊喜和快乐。

虽然我们不愿承认，但私下里又不得不认同一个观点，那就是——没有一个女人天生就想做个强势的女人。尤其在感情世界，女人都渴望找到心爱的他，做一副小鸟依人状。没办法，这是女人的天性所决定的。

因为职务、薪水而影响感情，的确是一件非常无奈的事情。有些高薪女人总不由自主地抱怨，男人总是心胸狭窄，觉得高攀不起，那我总不能为了他把事业全抛了才算爱他吧？做女人真不容易，太弱了受欺负，太强了被冷落。无论如何，女人有女人的活法，有女人的智慧和手腕。所以，当面对心爱男人的时候，不妨收敛你的锋芒，以一份平和的心态来享受男人的呵护，这样效果会好许多。

对于女强男弱的情感模式来说，男人的心理不平衡来自于两者之间地位和收入的悬殊，当自己处于劣势的时候，就难免有低人一等的感觉。于是这段爱情便在心理上变得不平等起来，猜忌、烦躁的情绪便会油然而生，从而为爱情蒙上一层阴影。女人如果能细心地体察这一点，并学会适当调整两个人的相处模式，一切都会发生改善。

既然起因在于女人的身份，那么解决的关键也在于女人。如果女人能在爱人面前表现一点小女人的柔弱，让男人觉得这个女人即使在外再强势，也是一个脆弱得需要他照顾的女人，那么男人就会更有责任感，于是更加心疼、爱护你。

或许有的女人认为这样取悦男人令人不齿，其实这是观念上的错误。在爱人面前撒娇，是婚恋相处中的正常小手段，是提高爱情保鲜度的诀窍。总之，在自己喜欢的男人面前表现柔弱的一面，保持小鸟依人状，这是一种获取幸福的好办法。

第五章

如何学习理财——打理金钱，应该像打理自己的爱情一样上心

从今天开始，摆正男人和金钱的位置吧

世界理财大师博得·雪佛说：“钱当然不能代替爱情，但是爱情也不能代替钱。”如果你有了自己的经济保障，那么也就不需要一个男人做你的长期饭票了，而自己的钱用起来永远是踏实安心的，不用害怕它们会背叛你。

许多女人在寻找爱情的同时，都想找到一张长期饭票。但现在能够找到爱情的同时还能找到长期饭票的情况，实在太罕见了。甚至有的男人连爱情都不愿意给你，怎么可能为你当长期饭票呢？并且还有这样一种男人，他们希望找个“女富婆”，靠女人来发达呢！

也许你会说，“怕受伤就不叫恋爱了”。也许你并没有真正去爱哪个男人，所以你才会有恃无恐地这样说。不过，不可否认的是我们不能因为害怕受伤就不去恋爱。但是，一个女孩子因为分手而肝肠寸断的场面也实在令人心疼，因为她们把那个男人当做自己幸福的全部。所以，如果你正在恋爱或者准备恋爱，你都要记住，不要把自己的幸福全押在男人身上。

与爱情相比，钱的幸福来得更加直接一些。也许你很幸运，不小心嫁了金龟婿，天天可以吃香喝辣，但可别忘了，这是他宠你的时候。他宠着你，你越花他的钱，他越开心。当他不宠你的时候呢？你花他的钱只能招来他的

嘲笑，甚至不再给你钱花。

一个懂得金钱的女孩，知道金钱的价值，会使用正确的方式追求金钱。当然，这不是为了使自己成为“富婆”，只是想让自己过得更加自由一些。当你准备出席一个豪华的聚会，却发现自己的衣橱竟然没有一件适合的衣服，你会怎么想呢？不要妄想这时出现一个仙女给你漂亮裙子，给你豪华马车。如果到了那时再悔恨平时忽视金钱，恐怕已经晚了。

鲁迅先生曾说：“人生的第一意义便是生活，一个人必须活着，爱才有所附丽。”“我们有钱的时候，用几个钱不算什么，直到没有钱，一个钱都有它的意味。”你看，一代文豪还不敢轻视金钱，你又哪来的清高和底气呢？

不要告诉自己，钱是庸俗的象征。或许你已经有了很多钱，可以“视金钱为粪土”，也许你是一贫如洗，但就是“不为五斗米而折腰”。算了吧，放下你的矜持！要知道，同样一笔钱，不同的人用，就会有不同的味道——有的人用了之后会很高尚，有的人用了之后会很高贵，同样有的人用了，钱却有了“铜臭味”。你完全可以让金钱为自己带来高贵，自由享受金钱带来的美好，让自己甩掉因为没有钱而带来的“寒酸味”。

生活不能没有钱，爱情也不能没有钱，这就是生活的真相。不管你是金钱至上的女人，还是爱情至上的女人，都要记住当你落魄潦倒的时候，无论什么人都有可能离开你，但唯有钱不会离开你，它们将是你不离不弃永远的陪伴。

理财第一课——每天花几分钟时间记账

理财是咱们女人要学习的第一课。

学会理财的第一步，就是学会记账，别让钱迷迷瞪瞪从钱包里不翼而飞。

我认识一个在北京上班的女孩，她叫肖娜，是一家医院的护士。虽然工作有点累，但工资和奖金加起来，每月的收入还是可以的。她多次邀请我，到首都来玩吧，我请你吃全聚德烤鸭，香死你！我请你进欢乐谷，玩死你！说完她马上又警告说，月末的时候千万别来啊，那时我只能请你在公路上散步了，因为月末我连出租车都坐不起了！

很显然，这又是一个“月光族”。“月光族”的最大特点就是——钱花了，却不知道花在何处。钱难道都打水漂了吗？事实上，钱是在不知不觉中花掉的，而她自己却觉得连个水花儿也没见到呢！在现实中，许多女人都有这种通病。

下面是几种常用的记账方法：

一、分类记账。准备几个信封，写上诸如吃、穿、行、娱乐、美容等字眼，每次消费回来，就把所有的单据、发票分门别类，往信封一塞。到月末再统一计算数字。这种方式很省心，可因为不能一目了然地了解消费状况，只怕对抑制疯狂购物的作用不大。还有就是，并不是所有的消费都会留下票据，有的花费因为没有证据会成为漏网之鱼。

二、传统的"三栏式"记账。拿一个专用的小本子作账簿，采用传统的收入、支出、结余"三栏式"。这种方式即所谓的流水账，它和其他记账方式比起来，除了容易操作之外，还有两个重要特点，一是便于随身携带，边消费边记录，能有效避免遗漏；二是在消费的时候，可以马上翻看账本，一些不必要的消费当场就能强行"刹车"。不过，这种方式也有缺点，女人的包包里总是塞着鼓囊囊的账本，显得比较"老土"。

三、网络软件记账。如果你嫌手工记账麻烦，还要手写，还要统计，累心累神，那就从网上寻找资源吧！现在网络上有各式各样的记账软件，功能很全，使用起来十分方便。下载下来就是你的了！它的记账模式是事先设计好的，能够帮你自动统计日常收支和现金流量，帮你分析现有财务情况。如果你对堵住自己财富黑洞的决心够大，对自己每月的消费做出强行限制，你可以设定消费提醒，当你的钞票快消费到预定数额时，它就会跳出来提醒你注意。这对马虎女人来说，是一个不错的选择。

四、手机 APP 记账。随着网络科技的发展，现在手机软件商城有很多专门用来记账的 APP，你可以下载一款作为快捷工具。你可以根据自己的风格进行选择，感觉哪款更适合自己，就选择哪款记账。至于操作过程，你打开手机研究一下就可以了。在这里，我就不花费大量文字进行介绍了。

记账其实很简单，根本没什么复杂的，但有些女人不知每天在瞎忙什么，虽然记账每天只需几分钟，她还是抽不出时间来做。她可能会说，反正日常消费用的是信用卡，每月的支付账单可以替我记账。确实，这样的"事后记账"能让你轻松不少，但信用卡用起来会让你毫无节制，不利于积累财富。所以，我还是劝你从今天开始记账，做一个勤快的女人哦！

不要看到“买一送一”“半价促销”就激动下单

“这件，这件，这件，还有这件……这些挑出来的不要，其他的统统给我包起来！”

看过电影《天生购物狂》吗？许小凤进店扫货那一幕，是多少女人的人生理想啊。难怪我们要把英文shopping译成“血拼”！我们周围不乏这样的女人，她们购物成癖成瘾，根本不管需要还是不需要，只管往家里拎就是了。这类女人极其缺乏理财意识。

我的朋友小雅就是这样。年前离她不远的地方有个楼盘，位置很好，价格虽然高一些，可是有升值空间。我劝她买一套小户型，她却向我诉苦说，哪里有钱供房啊！每到月末，三餐都要不保了，再说首付也要好多，实在是拿不出来。

她是白领一族，薪水不错，未婚，无牵无挂，上班多年，理应有些积蓄才是。可是她说，她是典型的“月光女神”。我问她：“你那么多薪水都花到哪里去了？”她答不上来，但感觉自己也没怎么浪费啊！等我到她的住处一看，一切全都明白了。她巨大的衣柜里满满当当，看看商标，全是“榜上有名”。我奇怪她的衣服怎么那么多，她说：“这哪里多啊？这全是今年的，去年的已经清空，几乎全部送二手店了。”她对服装有着狂热的爱，她的观念是：一定要做最潮的女人。但最潮的女人哪有那么好做？小雅每半个月都要逛一次品牌店，把她的工资花掉二分之一。如果再有些化妆品与零食开支，说她是“月光公主”并非恭维。

于是，我和小雅算了一笔账。我告诉她，就像你这样挥霍下去，一年下来，至少要花掉十万之多！小雅听到这个数字吓了一跳，她喃喃自语，这么说，我工作六七年， 差不多浪费掉一套房子的首付了啊！

有很多女人，在购物时不规划、不理智，总是把购物狂的毛病发挥到极致。等到真的需要用钱的时候，把手伸进兜里，才发现里面除了自己空空的手掌和裸裸的手指，什么也没有。辛辛苦苦赚到的钱，就这么蒸发了！清点下疯狂购物的战果，却没有多少真正需要的。

不少女人每天都想网购，手痒难耐，就像有件重要的事没有完成一样，心神不宁、坐立不安。为了把自己认为美的东西据为已有，她不惜多买几种。如果某种商品有了最新款式，不管以前曾有过多少，还是忍不住放进购物车下单。这种疯狂购物习惯，其实是一种心理上瘾问题，一定要学会控制内心的欲望。

女人们，切忌做发泄性的购物狂。有喜事、心情好的时候，别拿疯狂购物来犒赏自己；出失误了，挨批了，心情很差，也别拿购物来发泄。聪明的女人购物很理智，她们不受情绪的影响。购物是因为需要才买，不是为了冲动才买。要不然，只图一掷千金的心理快感，过后就只剩下后悔和懊恼了！冷静之后，你会发现购买的都是一堆自己不需要的物品，这会让你陷入沮丧的状态。想一想，你在多余的事物上浪费了多少时间和金钱啊！

对女人们来说，打折的魅力是永存的。当看到自己喜欢的那一款洁面霜便宜了近一半，你能不动心吗？你可能会急忙下单，却不去想一想，一个月前，你已经买过一瓶了。想不通吧，自己明明是省钱了啊？为什么到最后却浪费钱了呢？女人，你中了打折与优惠的圈套了！商家运用打折与优惠的手法，总能让头脑发热的女人购买自己不需要的物品。聪明的你在受到打折与优惠诱惑时，一定要动脑筋想一想——买下它，真的值吗？

一个好的武师，总会留下绝招，并保存体力对付最厉害的对手。聪明女人在消费时，就像武师出拳，要懂得在关键时候再“出手”，绝对不能不提早作打算。女人们，一定要记住，好钢要用在刀刃上，你的所有钱都要花得真正有所需、有所值。

祝你“生蛋快乐”——聪明女人要懂得让钱生钱

“别指望钻石王老五背着大房子来娶你！”

这句话是我在街上听到的，发言人不详，含义明显：女人要学会自己赚钱。女人自己赚钱好处多多，比如男人欺负了你，你可以跑回自己的房子里哭，不会流落街头。

女人赚钱的方法有很多，相对于赚钱来说，如何管好自己的钱，让自己的钱生出更多的钱，更是一种理财大智慧。因为如果不理财，每个月的钱就会像流水一样流走了。如果不懂钱生钱的秘诀，你就只能靠苦力一直累到死，永远身陷贫穷的深渊。

晓莉是一家国企职员，收入不菲。她是个很会理财的女人。不过，在学会理财之前，她只是简单地以为“钱”这个字对应的只有“花”。她有几张银行卡，就那么随意地乱放，柜里几张，包里几张。一天，她看到朋友买股票赚了不少钱，开始有些羡慕心动，却觉得自己手里没有闲钱。她决定把银行卡拿到银行整理一下，发现存款竟然有七八万。她懊恼自己这么多年竟然一直拿自己的钱来“放大羊”！

晓莉开窍虽然晚了些，但她毕竟是个聪明的女人。她把手里的卡精简为三张，三张卡的功用各有分工。除了一张用于消费，其余两张都是“生蛋卡”。

消费卡作为日常开支使用。食品、化妆、穿衣、美容、水电、手机等都要从这张卡上刷。她把每月的消费大致作了估计，依据估计对卡里的钱进行控制。卡里的钱不会太多，一是出于安全考虑，二是能有效防止把钱花“冒”。

投资卡主要用于“钱生钱”。晓莉用这张卡买股票、基金和债券，数额不定。当她看好投资品种，才把钱转存到这张卡上。这样一来，每次投资是赔是赚就会一清二楚。

积累卡是晓莉积累资金的卡。对于工薪阶层，积累卡就是她的工资卡。每个月的工资、奖金都打进去，然后再做统一划分，把这些分散到其他卡上，各归其用。为了让钱“生蛋”，她把工资卡开设了活期自动转存定期的功能，利息的损失就减少了。用晓莉的话说就是：“一年怎么也能多买两双鞋！”

通过这么一番操作，一年后，晓莉惊喜地发现，自己的钱包丰厚了不少。

上述理财方式值得我们借鉴，但没必要完全照搬照抄。女人应该给自己树立这样一种理财观念——如有余钱可用，就一定要合理规划，将“先投资，再消费”成为生活信条。

随着金融业的日益发展，如今可用于投资的方式越来越多，如果你用心学习，将手里的资金运用合理，即使数额不大，也同样可以做到“钱生钱”的目的。比如股票、基金、收藏、保险等等，各种投资方式各有特点。

股票的投入方式是操作灵活，回报率高，但缺点是风险高，并且要时时注意股市动向，随时操作。如果你是一个过于情绪化的女人，股票估计不太适合你。

相比之下，基金的风险要小得多。如果你仍然认为风险太大的话，那么就多买债券型基金，少买股票型基金。基金的最大好处就是利于长期持有，这里建议年轻女人买定投，省心也省力，在不知不觉中，你的投资就会为你积累一笔让你目瞪口呆的财富！

投资于保险，又如何呢？可以说，这是投资未来的行为，为未来打算应该是不错的选择。你现在还年轻，以后却会衰老。你现在能赚钱，以后赚不动怎么办？别幻想依靠别人，先假想你只能依靠自己。不过，投资型的保险属于中长期投资，三五年内不会立竿见影。如果你在短期内退保，将会被扣除经营费用，反而让你的投资缩水，得不偿失。

不少女人热衷于收藏，对买卖古董热情不减。的确，有些人从字画收藏、古董投资中获得不菲收益。但此类投资只适合专业人士来做，切忌盲目投资，除非你是内行。

以上投资只是理财中的几种方式。在互联网时代，新的投资理财方式犹如雨后春笋纷纷涌现。个别权威平台的理财产品可以尝试，但一定要擦亮眼睛，谨防电信诈骗。

要想变得有钱，一定要学会钱生钱！千万别把自己辛苦赚来的钱捂死，要把死钱变活钱。在投资时，要尽可能选择适合自己的方式，只要你转变观念，总有一款适合你！

从今天开始，祝你理财快乐，“生蛋”快乐！

优雅小女子的“低成本高品质生活”

有人戏称，年轻女人每五秒钟就能想一次与花钱有关的事。虽然言辞有所夸张，但是也足以说明女人们在消费上的随意和无度。

当然，女人自有女人的事做。我们都是爱美的，要想漂亮一些，皮肤不护理行吗？妆不化行吗？衣服不买行吗？我们要追求品质，不管买什么，都拣最贵的。我们又不想太累，上下班出行好歹得换辆车吧，不然多不优雅啊！你看，似乎只有花大钱，咱们女人才会变得越来越有魅力。可稍一计算就会知道，这真的很费钱啊！

如果手里没有几个钱，你心里会觉得很有安全感吗？要知道，社会竞争激烈，今天你有薪水，明天就难以保证。如果一味这么无节制地“潇洒”下去，肯定有一天会陷入困境。那么，不妨从现在开始，学着做一个吝啬的“低成本”女人，为自己的将来储金。

阿天大学毕业后，到郑州一所中学任教。她是那种很懂得节俭的女人，但在吃穿用度上却非常讲究。她很少下饭店，除非是朋友请客，或者礼节上的回请，平时都是自己做饭。阿天的家在乡下，节假日回家，就带些小米、绿豆、香油之类的农产品，又便宜又绿色。她厨艺精湛，同事周末很乐意到她家小聚，鱼啊肉啊菜啊都是凑钱买的，花费不多却其乐融融。

阿天为人师表，穿衣打扮都很正统，衣服不多，但件件都是“名牌”。她的名牌服装都是“自造”的。每当看中一件心仪的名牌服装，她就会用相机拍下来，拿到缝纫店去，让裁缝师傅照样定做。尺寸样式布料，尽可能做到一样。一件几千元的品牌服装，由她“定制”下来，不过几百元。鞋子不能“自造”，她就去专卖店试穿，记住品牌型号，再到网上去淘，至少可以节省30%。阿天是个爱美的女人，不会随便用劣质护肤品的，但也绝不会乱花钱，因为她买的都是某品牌网上搞活动时的促销品，不但价格低，还有赠品。

你们看，上述案例中的阿天虽然各方面都很节俭，但生活品质却丝毫没有降低。她把自己的生活安排得井井有条，小日子过得有滋有味，精致而又优雅。

由此可见，低成本和品味优雅并不矛盾。我在这里只是想告诉大家，作为女人，过一种有品质的优雅生活，并不一定非得用高额投入来换取。你的朋友中，有些人家境较好，穿名牌戴名牌乱消费已经成了习惯，她必然在消费时追逐新潮和名牌。但你千万不要受其影响，不顾自己的能力盲目攀比，导致“财政赤字”。你最好选择同自己消费观一致的朋友交往，购买你们都觉得实用的商品。购买商品时，对于自己喜欢的商品，不要流露急切的购买神情，要货比三家，敢于还价。要知道，省下来的每分钱都是你的净收入。

恋爱是年轻女人的又一大开支。浪漫是每个女人所喜欢的，你尽可浪漫，但别为恋爱付出太高的成本，浪漫不一定非得以“漫天撒银”为代价。你要谈一场务实的恋爱，不要为了获得他的爱，而去追求一些不切实际的消费。衣服也好，化妆品也好，这些只是外在包装而已。要知道，他爱的是你的人，你的内在，而不是你的外在。与他交往时要懂得节俭，给自己省，也要为他省，善解人意、懂得节制的女人更可爱！

培养自己敏锐的“经济第六感”

女人爱说这样的话：“跟着感觉走。”记得这句话第一次从我嘴里脱口而出，是在念小学时的数学考试上。当我对于 A、B、C、D 四个选项举棋不定，所谓的“第六感”就小小地发挥了一把它的神奇魔力。更神奇的是，第六感居然帮我选对了那个答案！

不论你是大明星或小职员，不论你经验老到或初出茅庐，你都会有第六感。不信？那你一定有过这样的经验吧：每当电话铃声响起，在伸手接听之前脑子里会闪过一丝念头——肯定是妈妈！或者在出门上班之前在心里默念：今天那个客户该会联络我吧？在作决策和判断时，头脑中会有奇妙的灵光一闪。事实证明，大多数的灵光一闪是正确的。比如遇到岔路，左等右等等不到可以问路的人，你干脆随手一指：就这条吧！通常正是通往目的地的路。

你的男人说要出差，你帮他收拾打理一切，箱包都装好了，突然扭头盯着他——你是不是和哪个女人约好去度假？唰地一下，他的脸色惨白如纸……你看，女人的第六感就是这么神奇，总能把男人打个措手不及。自然，我们女人有着同样敏锐的“经济第六感”。

辛甘在大学读书时成绩一般，毕业后没有找到工作，于是就天天窝在家里，有事没事就逗着她的那只小狗玩儿。辛甘很有耐心，为小狗洗澡啊，备食啊，拿毛线球或皮带逗它啊，上街买点馒头也要它跟着，好像从来不为自己的未来操心。她的妈妈说："我看你弄这个宠物还能宠出什么名堂？！"辛甘毫不在意地说："是呢，我以后就靠着宠物吃饭啊！"

一天，她在草坪边不小心踩到一泡狗屎。她突然怔在那里，直觉告诉她——机会来了！她马上行动起来，一周以后，一所"宠物厕所"矗立在她所在小区的活动空地上。宠物如厕一次，收费五角。这个小区，基本上家家户户都养有宠物，她的"宠物厕所"非常红火。几个月后，她的"宠物厕所"遍布全市。她招了几十名帮工，然后真真正正地当起了老板。她的业务也很繁忙，除了管理方面，那些要在"宠物厕所"上打广告的商家，以及要购买宠物秽物的菜农，她都殷勤接待。至于她从中赚了多少银子，纯属隐私，不便细说。

财富是有腿的，只奔向那些能够把握商机的人。机会，有时就是成功的代名词。抓住机会，就等于抓住了财富。当机会来临的时候，你要凭着自己敏锐的经济第六感，准确地抓住商机，大胆创业，让自己一炮打响，获得成功。

创业也是一种理财，而且是最靠谱的理财。如果机会来了，你又何必推辞呢？尽情发挥你的"经济第六感"的威力吧！女人似乎天生就具有这种神奇的能力，很多女创业家做对某件事后，记者采访她的时候，她自己往往也是一头雾水，说："什么也没想啊！我只是跟着感觉走，凭直觉觉得应该这样做。"女人的这种第六感，有时候真可以改变命运。一个女人若想成功，就要学会培养自己敏锐的"经济第六感"。

那么，在日常生活中，我们应该怎么加以训练呢？

一、让注意力告诉你，你的兴趣是什么。很多时候，你只能在自己感兴趣的领域发现赚钱的路子。你不感兴趣的领域，创业也往往不会获得成功。

你的注意力是完全无意识的，但却能最准确地反映你真实的内心。这是你潜在的直觉，潜在的第六感。

二、知道自己的兴趣之后，要积极积累所需的经验和知识。经验积累得越多，理解得越深刻，你的感觉就会越强烈。一旦机会合适、条件成熟，灵感就会不期而至。

三、养成多观察、多动脑的自觉习惯。自觉做事，没有压力，没有负担。哪些机会适合自己，哪些不适合，哪些钱可以赚，哪些不可以，都在不知不觉中作了分析和判断。

四、放松大脑，不要强迫自己思考。你不能急，要完全放空自己，敏锐的经济第六感要来得自然而然，就像瓜熟自会蒂落，水到自会渠成一样。同时，你要给自己一点闲暇，让心胸开阔。这样一来，你才能激活你的第六感，让它为你做出正确的判断及精准的决策。

如果你拥有和男人一样的胆魄，又拥有超乎常人的“经济第六感”，那么灵感总有一天会降临，那么你发财致富的好运气也就指日可待了！

第六章

如何编织人脉——人脉决定你的“富贵命”

人往高处走——就是要“攀龙附凤”

“攀龙附凤”，这个词是不是很刺眼？

对于这个生猛的词，相信很多人都存在误解，认为攀龙附凤是在鼓励人变得世俗势利。其实并非如此，这是一种积极交往的理念。在人脉关系至上的今天，这确实是女人改变自己命运的一种有效手段。

聪明的女人一定要记住：独闯天下固然勇气可嘉，可仅凭一人的单薄之力，能闯出多大的天地呢？俗话说得好：“庭院岂生千里马，花盆难养万年松。”如果人脉圈子受到限制，你的思维认知也必然受到限制，这样一来，即使是条龙，最终也不过是在狭小的小河沟里扑腾，哪里能闯到辽阔无边的大海呢？千里马也需要伯乐，没有伯乐，你能日行千里又有何用？没有人给你展示的机会。尤其是女人，要闯出一片天地何其困难！

张晶做保险销售好几年了，虽然努力工作，可市场上的竞争力太大。她又不善言辞，所以一直业绩平平。但张晶并没有因此而颓废，而是在不断寻找机会。那年冬天，她所在的城市举办了一次“夕阳红海南游”，针对的游客都是老年人。张晶的妈妈报名参加了。妈妈的身体状况不怎么好，张晶就决定陪妈妈一起去。

在旅游过程中，有一个阿姨不小心把脚崴了。张晶是个有爱心的女人，于是就主动帮她拎包递水，路不好走就搀一搀。她们一路上谈了好多，张晶就把自己的境况和阿姨说了。阿姨当下也没什么表示。旅游结束后，张晶在和导游闲聊时才得知，那个阿姨竟然是市政协的副主席，她弟弟手下有一个职工近千人的大企业！张晶马上意识到，机会来了！她决定去找那个阿姨。可是她妈妈有点担心，虽然你是帮过人家不假，可人家那么高的职位，直接去找，有点不靠谱。张晶说，做事就要攀龙附凤，说不定，阿姨就是我事业中的贵人呢！

事实果然如此，那位阿姨对张晶印象很好，她答应帮张晶这个忙。在阿姨帮助下，她弟弟为近千名职工每人买了一份保险！这份大订单拿到手，张晶名声大起。不仅如此，那个阿姨的弟弟还帮她介绍了几个有业务往来的企业。张晶的事业从此突飞猛进，一日千里。

张晶敢于“攀龙附凤”，从而彻底改变了自己的现状。人生在世，我们一定要舍得放下架子，厚下脸皮。在困窘中，清高是不值一文钱的，只能徒添笑柄。毕竟，社会上的资源就那么多，你不主动去争取，只能眼睁睁地看着别人的事业做得越来越大，生活越来越好。这是残酷的世间真相，上了年龄的人都明白这一点，无论男人女人，越早醒悟越少走弯路。

其实，攀龙附凤的行为并不庸俗。当年青年女作家萧红红极一时，离不开她的“贵人”鲁迅。萧红初到上海之际，穷困潦倒、一文不名，幸亏鲁迅指点其文字，资助其生活，还向出版社推荐其作品。她的成名作《生死场》也是由鲁迅推荐出版的，并且鲁迅还亲自作序。没有“贵人”鲁迅的提携，萧红一个小女子，如何能够一举成名呢？

聪明的女人，就是要有洞察贵人的眼睛，同时还要有攀附贵人的勇气。贵人在哪里呢？无处不在。也许是你的上司，也许是你的朋友，也许是天天拿着扫帚打扫楼道的人，也许是一个素昧平生的人。不要只盯着你人际网络中的显贵，别以为就他们能帮助你。你的身边有很多机会，无论什么样的人，都有可能是你受益终生的贵人。贵人不一定亲自为你做什么，但他一定会让你的人生从此发生转变，至少会让你的人生往前迈上一大步。

那么，到底什么样的人才是我们的贵人？聪明的女人，一定要懂得鉴别。

一、无条件支持你的，是你的贵人。虽然支持你但提出无耻条件的人，不要相信他。我们都知道，演艺圈的“潜规则”害了多少纯真的女人！女人不能够以自己的尊严作为代价来换取成功。这种所谓的贵人，我们宁可不要。

二、对你要求严格的人，是你的贵人。他处处挑你的毛病，天天唠叨你，总是觉得你做得不尽如人意，达不到他的要求。记住这个贵人吧，他因为在乎你，所以才会唠叨你，他想让你变得更完美，所以才会严格要求你。正因他的存在，你才有进步的空间。

三、欣赏你、提携你的人，是你的贵人。他了解你的长处，明了你的优点，甚至你的优点正是他的缺点。正因如此，他特别欣赏你，愿意帮助你，关键时刻愿意拉你一把，助你成功。

你和什么样的人在一起，就会变成什么样的人

世人大都艳羡有钱人家的公子、小姐，他们的生活总是那么滋润，从来都是锦衣玉食，车房无忧。哪里像普通子女，每天都在为生存奔波忙碌、流血流汗。多数人都将这归结于上天的不公，我们没有投胎到富贵人家，生来就没有富爸爸，也没有阔妈妈。于是他们认为，出身决定命运，人生的起点决定终点。那么，果真如此吗？

然而，你有没有想过，为什么有些人能成为有钱人，可以自由地追求生命的更高品味，而很多人却只能挣扎于贫困的最底层，喊天天不灵叫地地不应呢？事实上，除了出身因素之外，一个人能否跃迁到富贵阶层，还要看你的人际圈子。你和什么样的人交往，你就会变成什么样的人。睁眼看看，有钱人的朋友都是什么人？而我们的朋友又都是些什么人呢？

的确如此，你是谁并不重要，重要的是你和谁在一起。从某种意义上说，你想成为什么样的人，完全可以“量身打造”——只需在你的人脉圈中寻找该类成功者，再与他好好相处。

兰芝属于那种很乖戾的女人。她思想偏激、做事冲动，根本不考虑别人

的感受。从小学到高中，她几乎不和同学交流；上大学以后，第三天就和室友闹矛盾，干脆搬出宿舍，自己到外租房，把自己和同学隔开。毕业以后，她到北京找了个工作，待遇一般。你想，北京是个什么地方啊，一切开销都很高，她负担不起房租。万般无奈，只好和一名同事合租。

一年后，兰芝做事稳妥、语气平缓，一举一动，竟然有了淑女之风。私下问及原因，她回答说：“我的同事可是个绝对的淑女哦。”原来，与兰芝同住的同事是个很不错的湖北女孩。这女孩明事理、有主见，与人相处得心应手。兰芝从她身上看见自己的不足。初开始感到很羞愧，时间长了，就从她身上学到很多，渐渐地自己也跟着改变了。

每个女人都应该有自己的人脉圈。在圈子中，一些人与自己有着相同的爱好、相似的脾气、相似的经历、共同的目标，也有些人和自己没有交叉点。然而，随着耳濡目染，彼此之间往往会互相模仿与借鉴，思想观念、行为举止就会接近、融合。

有的女人，从性格乖戾变得温柔、气质高雅，这一定是受到了外界的影响。也有一些女人，被大家讥讽说：“怎么越混越没品味了呢？”意思是说，她和低层次的人交往多了，本人也开始变得没有品味了。所以，女人在选择自己的人脉关系的时候，要多用心思，观察他的为人、做事能力等等，别一不小心让自己陷入“没品”的恶评中。

聪明的女人，一定会有自己的人生目标。小则做一个气质美女，让人人都喜欢，大则成为成功女性，有自己的事业。但是，不管你的目标是什么，只要目标确定，首先要做的就是打造自己的人脉圈。你要明白，在成功的路上，需要向什么人学习，什么人能帮助你，谁是你的奋斗方向。要多和那些有思想、有能力、有品味的优秀人士做朋友，他们的优秀程度决定了你的优秀程度。主动选择朋友，有目的地选择朋友，是你走向成功的捷径。

然而，很多时候女人交友并不是主动的，而是被动的。比如，在一次同事的生日 party 后，你会认识几个朋友。这些朋友良莠不齐，优秀与否不能在短短一个晚上辨别出来。不妨与他们偶尔联系，在以后的接触中，从中挑选自己需要的朋友来，哪些应该紧紧抓住，哪些应该适当联系，哪些必须断绝来往。通过分类，就能把交友的主动权牢牢掌控手中。

谁想让自己的一生穷困潦倒、愚昧无知呢？聪明的女人永远不会。总之，人脉决定女人的富贵命，你的人脉关系如何，往往决定你以后会有什么样的人生！姐妹们一定要认真经营自己的人脉圈，如果你想成为什么样的人，那就主动与什么样的人交往吧！

不管和谁有了矛盾，解决时间不要超过 24 小时

恋爱中的两个人及关系亲密的朋友，都有可能发生误会和摩擦，这个时候往往太顾及面子，谁也不肯先低头认错，最终导致分手和友谊破裂。事实上，这绝对是人生的一种遗憾。与人相处的最佳哲学就是——不管和谁有了矛盾，解决的时间不宜超过 24 小时，否则麻烦会更多。所以，矛盾解决要趁早，拖得越久误会就越深。

谁都不愿意失去自己苦心经营的友谊和喜欢的人，既然如此，在可以接受的范围内，先向对方低头，有时候并不是软弱，情谊是需要呵护的，不断地争执只会让裂痕扩大。

事实上，人与人之间不可能一点矛盾没有。性格上、家庭环境、受教育程度、实践经历等原因，都会让两个人之间产生种种摩擦。特别是恋爱初期，为了博取对方的好感，时常会有意或无意地掩饰自己的缺点。热恋期过后，双方的警惕性放松下来，就有可能在不经意中暴露性格的弱点。这个时候，双方就更容易产生矛盾。

佳琳和男友约好中午一起吃饭，岂料快到时间天下大雨。佳琳工作单位离约会地点有些远，男友一个劲地给佳琳打电话，电话总也打不通。直到手机打到没电，男友实在忍不住了，冒着大雨去佳琳的工作单位给佳琳送雨伞，却不经意地看到佳琳和另一个男人站在伞下说话。看到男友，佳琳十分高兴，正要叫他，男友却掉头走了，任佳琳站在雨中怎么喊都不肯回头。这下佳琳也生气了，两人就这样陷入冷战。

经过几天冷静，佳琳想通了，不想放弃和男友的恋情，决定拉下脸找男友解释。到了男友那儿，她却看到男友正挽着一个女人有说有笑……佳琳悲痛之下提出了分手。

很多年以后，他们再次相遇，谈起当初的往事。原来那天下大雨，佳琳的手机坏了，遇到同事，想借手机给男友打电话说明情况……男友尴尬地告诉佳琳，那天挽他胳膊的是自己的小姨，一直住在外地，小时候和她感情很好。

如今物是人非，双方都已结婚生子，白白错过了一段美好的姻缘，留下的是无尽的遗憾。唉，都怪一时赌气，连解释的余地都不给对方……

著名诗人普希金说：“不论是多情的诗句、漂亮的文章，还是闲暇的欢乐，什么都不能代替无比亲密的友情。”的确如此，哪一对恋人不吵架？哪一对朋友不误会？人际交往中，我们往往太过于保护自己，维护自己那点可怜的骄傲，往往是给心筑了高墙，隔离了别人也隔离了自己。离开了爱情和友情，我们的生活还有什么乐趣？

有些女人和男友分手，和朋友绝交，总喜欢用“没有缘分”来给自己推脱。事实上，这些都是借口。太多的劳燕分飞、闺蜜反目最终的原因都源于一个误会！我们为了所爱的人经历了各种考验，最后却因误会造成隔膜，原本亲密的闺友因误会终成陌路。仔细想想，真是没必要，也不值得，这是人生最大的损失。

从今天开始，不管你和谁有了矛盾和别扭，解决的时间不要超过 24 小时。在可以接受的范围内，先道歉。在不触及原则的情况下，让一步又如何？双方都相互尊重和信任，不要把个人的意志强加对方，及时解决矛盾，避免事态严重发展。冷静当然是重要的，但最重要的是将事态向积极的方向推动，这样你才不会在多年之后的回首中追悔莫及。

像滚雪球一样扩大你的人脉圈

人脉的源头，是自己身边的人。

我们最先接触到的，就是自己的亲人，父母、兄弟姐妹，然后是老师、同学，再然后是朋友、同事，就是这些普普通通的人，发散性地向四周扩大了我们的人脉圈。因为熟悉和了解，身边的人往往可靠且值得信赖。同学介绍同学，朋友带来朋友，我们的人脉圈就会像雪球越滚越大。

我认识一个叫蓝慧的女孩，初中毕业后，独自一人到北京打拼。蓝慧悟性很高，同事、老板、客户关系都处理得很好。她边做边学，进步非常快，不到半年，公司的活她都能独当一面了。老板渐渐注意到她，很放心地把工作交给她独立完成——客户谈判、催收欠款，采购原料等等。这些她都能应付自如，跟所有的客户也都混得很熟。

在这家公司干满三年之后，她向老板提出辞职。老板极力挽留。她说，自己想创业开店，因为她是家里的顶梁柱，得挣钱补贴家用。老板看挽留不住，就帮她出点子，关于店铺选址、店内设计、招聘用人，等等。她拿出积蓄，又借了一些，就这样门店很快开张了。她原先的老板、同事和客户，都帮她介绍生意。在她好人缘的加持下，门店竟然红红火火。有个顾客，是个挺帅气的小伙，偷偷喜欢上了她。无论爱情还是事业，她都硕果累累。

对于创业，蓝慧有什么资本呢？最大的资本就是好人缘。她靠着个人努力和人脉关系，把自己做成事业、爱情双丰收的幸福女人。你的人脉资源，无论是原来的客户、同事还是老板，都会让你持续受益。聪明的女人一定要记住——要像滚雪球一样，不断扩大你的人脉圈。

作为女人，应该如何开拓自己的人脉圈呢？

一、认识一些关键性和重要性人物。这里说的“关键”和“重要”，并非特指重要职务的大人物，而是相对而言。比如某个人对别人来说是微不足道的，可却对你的人生路起到很重要的作用。有些人能够帮你解决某些难题，为你提供有效的建议。也有一些人，能够为你提供稀缺的资源。他们哪怕职务不高，也同样是你必须要结识的关键人物。

二、跳出个人狭窄的小圈子。女人虽然矜持为主，但也要尽可能和外界接触，不能把自己的思维局限在有限的圈层里。有人爱说，远离陌生人，事实上陌生人并不可怕，只有让陌生人变成朋友，你的人脉圈才会扩大。很多时候，我们正是在陌生人那里才获得意外的帮助。从今天开始，改变心态，不要对外界处处防范、强烈排斥，而是要积极开放，要多多接触各种各样的人，同时用敏锐的眼光和非凡的洞察力去遴选，从中找到与自己志趣相投的人，以及自己需要的人，并把他们纳入自己的人脉圈里。

三、让网络成为你捕捉人脉的“天罗地网”。虽然网络是虚拟的，可网络背后的人却是真实的。有的女人比较内向，所以可以多用网络结交人脉。网络是个好东西，掩盖了她们致命的缺陷。比如，你可以在各种群、各种圈里寻找相关人脉，讨论一些共同感兴趣的话题，如读书、音乐、摄影、旅游等等。内向的女人可能不敢在现实中和人多说话，却可以在网络社群里让自己无拘无束！有什么不懂的只管问好了，这里会有许多热心的朋友帮助你！

重视人脉维护——好园丁不能只种花不养花

一个优秀的园丁，不能只种花不养花。就像我们，不能只是盲目地建立人脉关系，而不去维护。要知道，如果不去维护人脉关系的话，认识再多的朋友也白搭。

小佳的家境很好，爸爸是一家矿山企业的老板，妈妈是一所学校的舞蹈教师，她自己呢，大学毕业以后进入一家外企工作。她知晓人际关系的重要性，很懂得扩大自己的人脉圈。朋友喜欢她，上司也器重她，一切都顺风顺水。

突然有一天，灾难降临了。歹徒进入她家抢劫，丧心病狂地杀害了小佳的父母，小佳的脸上也被划了几刀，美丽的脸庞被彻底毁容。这种打击对小佳来说，几乎是致命的。她悄无声息地远赴欧洲，到叔叔家疗伤去了。从此，她和朋友们失去了联系。

几年之后，由于思乡心切，她又回国了。站在原本熟悉现已陌生的城市里，她想找到往日的感觉，想找个朋友来倾诉。但是，翻遍了电话簿，她竟然不知道哪个昔日故友可以联络。所有的一切，全是过往了。

小佳本来已经创建了自己的人脉圈，却在灾难来临之后，没有好好维护，以至于身心孤独无依。她不知道，当她受伤的时候，正是最需要朋友的时候。因为打击，因为自卑，她放弃了她的朋友，这是多可惜的放弃啊！朋友是做什么用的？就是为了互帮互助。在开心的时候，一起笑，在痛苦的时候，一起哭。共同分享，共同分担，这是友情的意义。如果连这点都做不到，算什么朋友呢？人生路上，如果有朋友相伴，肯定会顺利许多，也会开心许多。

每个女人都需要有几个闺中好友。在现实生活中，很多女人信奉这一条真理："生命诚可贵，爱情价更高。"所以，当爱情来临，女人就容易辨不清方向。爱情都重过生命，还重不过友情吗？所有的一切都为爱情让路吧！她的眼中只有一个人。爱人成了生命的全部，哪里还顾得上多年经营的朋友圈呢？！电话不打了，微信不发了，QQ 不聊了，活动不参加了！聚会也统统推掉了！一天又一天，就这样丢掉了所有的朋友。当有一天，爱情麻木了，男人不爱你了，你的这些委屈又向谁去诉说呢？

其实，爱情和友情并不互相排斥。也许有一天，你成功了，你获得了前所未有的名与利，你从丑小鸭一夜之间变成了白天鹅，你事业达到巅峰，成为万众瞩目的焦点。这时候，你能放弃原有的人脉关系吗？不能。你的成功，并不是你自己一个人的成功，你的成功离不开你的人脉圈。在众多朋友的帮助下，你才有今天的成就。无论你成为什么，明星大腕，社会名流，或者什么经理、博士、CEO，你在他们眼中也只是——朋友。

一个善于经营、维护人脉圈的女人是真正聪明的，她懂得把握人生中最重要的东西。所以，你一定要学会维护自己的人脉圈。这种关系不仅促进你的成功，而且润泽你的一生。

女人维护人脉圈的方法有很多，一般说来有以下几种。

一、互惠互利是相处的黏合剂。不论友情还是爱情，都是互惠互利的产物，双方相处感觉舒服，而且能够共同受益，彼此才会成为朋友或恋人。如果双方之间的交往，只是单方付出或获益，那么必定难以长久维持恋情或友情关系。

二、以聚会的方式联络感情。再好的关系也怕长久的冷落，每年搞一两次聚会或结伴旅游，在相聚时拍一些温馨的照片留念，让对方知道，你永远和他们在一起。

三、节日的问候或拜访。节日一个小小的问候，在重要日子专门拜访，都能让他知道你的贴心、你的惦念。送些让他们开心的礼物，可以传播你对他们的珍惜。礼物不在乎大小多少，一条信息、一个苹果或者一条小小的手链，都是维护人脉的纽带。

经常说句“嗨！我是 ××，好久不见啦”

我认识一个朋友，她被人们叫做“名片管理女王”。她曾毫不夸张地说，自己有 16000 多张不同人的名片，而利用她的管理模式，她可以在几秒内找出任何一个想要的人的资料。

她曾经从原来的公司辞职，辞职后专门写了 3000 多封电子邮件，开头称呼“嗨！我是 ××，好久不见啦”，通过这种方式，告知亲友们自己辞职的原因，同时对亲友们的长期关切表示感谢。发完这 3000 多封电子邮件后，她以为不会有什么反响。没想到她竟然陆陆续续收到 300 多封回信，其中包括 26 个全职和 43 个兼职的工作机会。

我这位朋友感叹说：“这是我人生的一个转折点。如果当时我只是一通通地拨电话，可能打不到十个就挂了。”就因为选择了发送电子邮件的联络方式，朋友的命运发生了转变。最后，她在那 26 个全职和 43 个兼职工作中，选择了一份去中小企业讲解网络应用的工作。

这位朋友为什么有这样好的机遇呢？原因是，她非常重视人脉的管理，经常写封“嗨！我是 ××，好久不见啦，最近过得好不好，有机会再聚呀”之类的电子邮件，动辄就发给数百位朋友。她说自己有今天的成果就是这样一点一滴争取来的。

这就是人脉的力量。只有平时维持人脉的人，到用的时候才会有效。千万不要“友到用时方恨少”！那样你就是临时抱佛脚，注定没一个人理你。从这个意义上说，我们很有必要学习人脉保鲜的功夫。

人脉保鲜功夫其实很简单，只需要抽出一点时间，定期对人脉进行分类整理即可。你可以建立文档或表格，根据收到的名片添加微信好友，备注详细信息。你可以写清楚与对方相遇的地点、介绍人、他的兴趣特征及交谈时所聊到的问题等，一定要务求具体。以后你需要什么人脉，只要用“搜寻”功能，便能将同性质的人找出来。

人脉管理需要日常化、持续化，绝不是心血来潮，想到了就联系一下，那样不是科学的态度。总之，不管你是谁，不管你的人脉有多少，都请加强对人脉管理和保鲜的重视程度。千万不要认为自己没时间，事实上抽空发个微信、打个电话，浪费不了你多少时间。关键是你意识淡薄、行动太懒，忙只是你的一个借口而已。

那么，从今天开始，请不要再以“忙”为借口了！你可以经常发个微信、打个电话、写封邮件：“好久不见了，最近还好吗”、“周末一块玩呀”等，如此一来，你日积月累的人脉保鲜功夫，会让你的人脉时刻保持活力和有效。

一般来说，在人脉保鲜的日常维护中，下面一些方法值得尝试。

一、充分利用网络

网络已逐渐成为主流的交往方式，微信上的一句问候，QQ 上的一句留言，一个搞怪的表情，都有可能让你的朋友在对面哈哈大笑或陷入感动，他会对你的印象更加深刻，这是经常处于忙碌状态难以脱身的人维护人脉关系的一种秘密武器。

二、得意或失意，都要打电话

你的某个朋友失业了，正处于无比沮丧的状态，不妨打个电话过去，提个不错的建议，给予一些帮助，介绍一个工作岗位，这样就能建立一层忠诚的人脉关系。

三、让你的人脉信息都是有效信息

可能朋友升迁了，搬家了，换手机号了，这些都很常见。如果你不及时更新，就会导致信息因变动成为“无效信息”。这就需要你随时留意朋友的变化，常常关心一下。

四、别让你的人脉内部分裂

在你的朋友中，可能有人一时疏忽，与另一个朋友产生矛盾或冲突。这时你就需挺身而出，义不容辞地出面调解。如果能帮助他们解决矛盾再好不过，对双方都有利，两方都会感激你；即使调解不成，他们也会理解你的苦心一片。

五、赠送礼品请多些创意

朋友生日了，结婚了，要创业开一家公司了……这个时候，你就亲临庆贺或送上一份具有纪念意义的礼品。赠送礼品是有讲究的，最好不要过于普通，你要融入自己的创意，这样才显得你的特别，朋友才会对你另眼相待，感动于你细致入微的心思。所以千万不要低估一份礼品的力量，小处可见大，成大事者要从小处着手。

六、把有用的信息告诉你的朋友

通过朋友，你可以获取很多有用的资讯。反之，你也要考虑到朋友的需求，看他是不是也需要你为之提供一些有用的信息呢？你要多多留意朋友的行业和工作特点，以及他的各种需求，一旦发现对朋友有用的信息，你就第一时间分享，朋友必将对你万分感激。

第七章

如何说话沟通——口吐莲花的女人，人生也会像莲花一样灿烂

对失意的人不说得意的话

不管面临怎样的人生处境，这句话都很有用。

一条街上，两家的孩子考大学。一家住东头，一家住西头，孩子同时考试。西边那个没考上，东边这个考上了，父母很高兴，不仅大摆宴席，而且放炮庆贺。这种热闹确实很好，但西边这家就看不下去了。对方正伤心得不得了，看见这边炫耀得意，心里暗暗就生了恨，从此结成了仇家。

你看，这都是人情世故。正如电视剧《少帅》中，张作霖对儿子张学良的忠告：“江湖不是打打杀杀，江湖是人情世故！”人情世故才是我们最需要学习的一门功课。所以，我们千万不要在失意人面前说得意话，而是要对失意的人表示同情。

在生活中，每个人都会遇见得意的事。如果你是喜事的主角，是那个春风得意的人，自然难掩心中的喜悦，恨不得告诉全世界的人！我升官了，我发财了，我找到一个金龟婿了……也许，有些朋友愿意分享你的喜悦，会大大地恭喜你，甚至给你举办一个庆功宴。但是，你注意到有一些人很不高兴吗？你看见他们像苦瓜一样难看的脸了吗？这些人就是失意的人，你的炫耀对他们而言就是心灵的刺痛！

所以，无论你多么“人逢喜事精神爽”，都要压抑住内心狂喜的冲动，千万不可到处炫耀。当你由于业绩突出升职加薪时，千万不要在办公室飘飘然四处招摇，或者故作神秘地对关系密切的同事细诉。因为你的升职就意味着同事的升职愿望破灭，而你的招摇也自然会带来他们嫉妒的眼神，甚至还会给自己引来不必要的麻烦。

当你找到一个金龟婿也不要在朋友面前炫耀。因为不是每个人都像你这么幸运，在你的朋友之中自然也有一些爱情并不顺利的人。这样的炫耀除了让你“失意”的朋友远离你之外，再也没有更好的作用了。

琳琳的心情很不好，因为公司裁员，让她成为一个无业游民。好友、同学兼同事的明明工作倒是很稳定，并且节节攀升，最近又被提升了。同学聚会，琳琳很不想去，但是被明明强行拉去了。大家闲聊时，明明向大家宣布自己升职了，并主动承担所有的聚会费用，整个聚会成了明明的庆功宴。在大家热烈的鼓掌中，琳琳悄悄退了出去，她感觉自己受到莫大的羞辱。从此，琳琳再也没有和明明交往过。

同学聚会本来是件好事，明明的升职也是好事，但明明却因为自己的升职而失去一个很好的朋友。春风得意的女人很难掩盖自己得意时的好心情，但如果因为自己“过度”兴奋而失去朋友，那就得不偿失了！

因此，聪明女人都懂得这一条处世法则——在失意人面前，不能说得意的话。失意的人本身心情就不好，情绪也不稳定，最希望得到安慰或鼓励，绝不是你迫不及待想要炫耀的得意之事，你的这些得意事犹如一把尖刀在刺他的心。所以，聪明女人一定要懂得收敛自己得意时的行为。要知道，当你在失意者面前炫耀时，他们会在内心咒骂的！

一个人不可能一辈子春风得意，也不可能永远倒霉。每个人都会有春风得意的一天，也会有倒霉的一天。在面对失意的人时，为什么不放下你的“得意”，去安慰一下他们呢？向他们提供你力所能及的帮助，适当给对方鼓励和安慰，这会让你获得更多的朋友。

要明知故问“你的钻戒很贵吧”，却不要问“你多大了”

在人际交往中，总离不开“问”。不要小瞧一个小小的“问”字，问得好，你会收获好人缘，问得不好可能会引来“战争”。问是一门艺术，有真诚的提问，也有明知故问，而这些都要根据场合灵活变化。比如，“你的钻戒很贵吧？”“据说你写的论文发表了？一定要拿给我欣赏欣赏！”虽然这些事情可能已经世人皆知，但经你这么一问，会让对方很有成就感，觉得你这人很重视他，由此会对你产生好感，有利于加深你们彼此的感情。而且这样明知故问，还会让你们之间多了一个话题，在单独相处时不至于出现冷场。

与之相反的是，有些问题虽然你很想知道，但不要贸然去问。比如，“你今年多大了？”“你一个月工资有多少？”“你体重多少？”就算你对这些问题很感兴趣，但最好还是忍着，不能随便去“八卦”。如果问得不巧，正好刺痛对方的敏感点，对方就会你十分反感。

二十岁出头的高蕊，早早就步入了婚姻的殿堂。老公对她疼爱有加，生活幸福美满。所以，高蕊一直觉得结婚是人生中最值得炫耀的事情。她有一个朋友李洁，比她大好几岁，但一直没有把结婚提上日程。

女人到了一定年龄不结婚，就会变成“众矢之的”，周围的亲人、朋友都会非常关心。对此，高蕊更是表现出了“严重的关切”。每次见面都会问李洁：“还不找个男朋友啊，到岁数了，该找了！”对于这样的询问，李洁都是一笑置之。

李洁终于找到了男朋友，高蕊又开始喋喋不休地问“你怎么还不结婚”“什么时候喝喜酒啊”……李洁是个低调随性的女人，喜欢自由，不想过早受到婚姻的束缚。就算结婚，以她的性格也不一定会大摆筵席，请朋友们来为她祝贺。但高蕊每次见面都盯着她问个不停，最后李洁再也忍受不住了，对她采取了躲避策略，接高蕊的电话一律说在忙，说不了几句就给挂了。朋友们聚会，只要有高蕊在，李洁就会随便找个借口推辞。到现在高蕊还弄不明白：“怎么半年见不到李洁了呢？到底结婚了没呀？”

结婚这件事对女人来说，确实应该算得上一个私人问题。高蕊表现出的“极度关心”，没有让她的朋友感到关怀，反而渐渐怕了她、远离了她。

女人善于问问题没错，但关键的是应该问什么。我们不能哪壶不开提哪壶，而要明知故问对方最得意的事情，这样的事情他很想让周围的人都知道，但是又不方便自己说出口。你作为传播工具，让大家都知道了他值得炫耀的事，就会在很大程度上赢得朋友的好感，增进彼此之间的友谊，拉近你们之间的距离。如果你忍不住问对方不想提起、刻意回避的话题，他在难堪的同时会对你很反感，从而对你敬而远之，一段深厚的友情可能就这样夭折了。

为什么会出现这种情况呢？这是因为每个人都有保护自己隐私的本能，当别人问到自己不想回答或羞于回答的问题时，大都会很自然地产生逆反心理。别人忌讳什么，不喜欢什么，我们就要避开什么，否则这不是故意给别人找不痛快吗？著名教育家陶行知说：“禽兽不如人，过在不会问。智者问得巧，愚者问得笨。”你是智者还是愚者，就看你如何提问。

提问具有不可估量的杀伤力。能否掌握提问技巧，在很大程度上决定了你能否有一个良好、融洽的人际环境。对于那些不该问的问题，我们需要的是时间，就像是拼图一样，经过慢慢了解，积累各种细节，终有一天你会得到自己想要的答案，又何必非要亲口去问呢？

听是最好的说——会听的女人处处受欢迎

你是一个喜欢滔滔不绝的人吗?

如果是，那就需要检讨和反省一下自己了！要知道，在人际交往中，最受欢迎的往往是那些善于倾听的人。听是最好的说，当你专注倾听的时候，对方一定会有一种被重视的感觉，双方之间的距离必然会拉近。女人同样如此，如果你能学会倾听，人生定能顺风顺水。

在一个情感微信群里，蓝欣遇到这样一群女人，她们有的是失恋，有的是大龄愁嫁压力大，有的是老公有外遇……总之，这帮女人同病相怜，每晚聚在一起吐苦水，情绪低迷，哀哀怨怨。于是，那些不怀好意的男人就趁机溜了进来。蓝欣很为这些姐妹担心，于是心理学专业毕业的她，申请成了群管理员。每天晚上8点到10点之间，蓝欣都会像一位知心姐姐一样，耐心倾听每个女人的烦恼心事，为她们打开心结。

由于蓝欣能够真诚倾听，加上心理学专业辅导，越来越多的人入群倾诉，群里的人气越来越高。蓝欣成了群中最受欢迎的人，她也因此结识了很多朋友。

的确如此，女人是最惧怕孤独的，她们只要找到合适的聊天对象，每天都会有很多话要倾诉。通常情况下，女人需要倾诉的，往往都是不便言谈的烦恼，或是积压的牢骚，或是隐秘的情感。有时候，她想把心中烦恼一吐为快；有时候，她只是想博得对方的同情；有时候，她想获得一丝精神上的安慰；还有时候，她只是想和大家分享生活的甜蜜。遇到那些喜欢倾诉的女人，你只需用心倾听就能收获一大堆朋友！

当对方诉说的时候，我们要专注倾听，这是起码的礼貌。要通过对方的眼神，去探测对方心灵深处的话语。你的专注倾听，会使对方感到你是个亲切可信、值得深交的朋友。在倾听的时候，切记不可东张西望，你心不在焉的态度会伤害到对方的自尊。

即使对方言语颠倒、喋喋不休，你也要多一点耐心。即使你已经有些厌烦，也不能中途打断对方的话，强行中止，会让人觉得你是个粗暴无礼的人。如果想提出劝告和建议，一定要等到人家的谈话告一段落的时候再说。不要等不及人家说完，就先来自我表现一番，显得自己多么睿智、聪明！

无论对方倾诉的是怎样不堪的事，你都不能随意挖苦、责备，那样只会使人家更加懊恼。倾听不是目的，她们真正需要的，是你的理解和抚慰！记住，倾听的时候不要刨根问底，你的角色是一个倾听者，你没有权利刺探人家的隐私。一味地刨根问底，不但会让人难堪，更会让人觉得你是个“事儿妈”。对于人家不愿透露的事情，就不要多问。否则，对方会误认为你在探听她的秘密，会马上警觉起来，中止对你的信任。

向你倾诉的人，把你当作了知心朋友，这是源于对你的信任。对于朋友的推心置腹，你的一个微笑，一声叹息，一句鼓励，都能为对方送去一丝温暖。总之，在倾听过程中，无论你是分担痛苦，还是分享幸福，都会为你争取到更多的友情。

在这个繁华而浮躁的时代，友情弥足珍贵！懂得倾听的女人，犹如荒漠中的汩汩甘泉，最能灌溉心田；又如雪野中的一丛篝火，让人倍感温暖。从今天开始，做一个善于倾听的女人，你会得到更多的信任和朋友！

不要跟傻瓜争辩，别人分不清到底谁是傻瓜

男人喜欢什么样的女人呢？有人曾就这个问题做过一项调查，结果90%以上的男子表示，他们喜欢乖巧的女人。对那些凡事喜欢较真争辩的女人，男人们唯恐避之不及。事实正是如此，不妄自尊大、不自以为是的女人才是最明智的，这样的女人才会人见人爱。

关盼盼是我的一个朋友，也是我非常欣赏的女人，她身边的人，没有不喜欢她的。盼盼很会处事儿，从来不把自己卷入无谓的纷争里去。女人们喜欢凑到一起叽叽喳喳，从化妆到服饰评头论足，有时候意见不同，这个说好看，那个却说不好看。遇到这种争辩不休的时候，盼盼是不肯开口的，她总是微笑着看她们闹。女伴儿非要她发表意见，她会笑着说："好看不好看，只是眼光的问题，具体怎么穿戴，靠自己感觉最好了。"盼盼的这个回答很中庸，但是又非常有道理，所以双方都赞成。诸如此类的事很多，盼盼不喜欢争论，在不得不表态的时候，她又总是能很得体地表达自己的观点。所以，盼盼一直是女人堆里最受欢迎的一个。

聪明的女人说话圆通灵活，谁也不得罪，更不会轻易与人争辩。关于争辩，墨菲定律是这么说的："不要跟一个傻瓜争辩，因为别人分不清你们到底谁是傻瓜！"确实如此，在外人眼中，只看到你们争辩得唾沫飞溅，如此癫狂的样子，只能让大家相信你们都是傻瓜。

很多时候，由于意见不同，人与人之间不可避免地会发生争论。作为女人，你永远要记住，争辩永远无法替你赢得尊严，反而会使你自毁形象。所以，无论遇到多么不公正的待遇，也要冷静处之。要知道，那些正在气头上的人，他们是听不进任何意见的，所以你不要急于反驳。众人争辩不休的，只不过是他们自以为是的"道理"，不见得真理就握在他们的手中。聪慧的女人能够沉下心、稳住神，而那些不审时度势，一味抬杠的女人是最可笑的。缄默并不等于妥协，你需要的是避开凌厉的话锋，看准时机，再阐述自己的意见。

动不动就与人争得面红耳赤，动不动就打起嘴皮子官司，这是女人最无知的表现。那些无谓的争论，无论输或赢都是毫无价值的。当你遇到一帮人为了一个无关紧要的问题争论不休的时候，请记住一定不要参与。因为无论你加入哪一方，都会得罪另一方。如果你执意要掺和进去，那么你马上就会成为众矢之的，所有的话锋立刻都会指向你。恐怕很多女人并不具备诸葛亮舌战群儒的胆量和口才，一个女人有气无力的争辩，又如何敌得过众人颠倒乾坤的口舌？与其腹背受敌、狼狈不堪，不如一开始就以中立者的姿态出现。相信聪明的女人，一定会懂得这一中庸的谈话法则。

其实，对与错这两个概念本身就荒诞可笑。女人要记住，事情并不是一定要完全对立。争论的双方，不是敌我的关系，而且你们所争论的问题，不是非此即彼的，那么还有什么必要水火不容，争个你死我活呢？化争辩为合作，才是我们要追求的方向。

不愠不躁，喜怒不形于色，是中国女人的美德。无论人家怎样对待自己，都要保持心境平和，不必凡事争个高低。完全没有必要因为一句争论而伤了和气，躲开争论，就躲开了是非。过于坚持己见，只会使你变得与众人格格不入，或者干脆让人家对你望而生畏。我敢肯定，这样的结果绝不是你想看到的。

只要无关原则的问题，我们都没必要让自己卷入争论的僵局。有时候，一句玩笑可能使亲人反目成仇。所以，那些喜欢较真的女人，一定要改掉理直气壮的坏脾气，争个对错又有什么意义呢？何须辩论，胜了他人又怎样？你只要说服自己就行了，你的生活，不还是由你自己来做主吗？

社会是个容不得你任性的地方，要想成为一个受人欢迎的女人，就必须试着融入大家，变得合群一点儿。不能为了标新立异就轻易与人争论，你要让自己学会随声附和。淡然一笑，其实就是缓和气氛最有效的方法。

浑身是刺的女人是最令人头痛的，即使美得像玫瑰，也还是让人难以接近。只有拥有平和心态的女人，才更具亲和力。不争执、不辩论，凡事一笑了之，这些聪明的举动，让女人变得越来越讨人喜爱！

授人玫瑰，手有余香——会赞美的女人最美

渴望得到他人赞美，这是世人与生俱来的天性。因此，学会赞美，是女人处理人际关系的一堂必修课。会赞美的女人，必将在人生路上左右逢源、如鱼得水。

回想一下，当你还是一个懵懂的小囡囡的时候，摇摇晃晃迈出第一步，爸爸会微笑着点头。你咿咿呀呀第一次开口说话，妈妈会开心地拍手。正是在父母的赞美鼓励声中，你开始了自己的人生之路。长大一点之后，你第一次戴上漂亮的蝴蝶结，第一次穿上花裙子，那时候你不是每时每刻都在内心渴望着同伴的赞美吗？

一句诚恳的赞美，一句恰到好处的褒扬，会对被赞美的一方产生积极的作用。被赞美的人，他们会因为你的赞美而欣喜。越是平凡普通的人，越会珍惜赞美，尤其是那些意想不到的称赞，会使他们感到受宠若惊。由此可见，赞美是一种美德。很多时候，不需要你过多的举动，只需你的一句赞美，在激励别人的同时，又为你赢得友谊，何乐而不为呢！

晓晓是一个热情的女人，很会说话，公司里每一位同事，都收到过她真诚的赞美。她善于发现，总能找到别人身上的闪光点。赞美虽多，却从来不觉得虚假做作。她是发自内心去赞美别人的，甚至让人听了之后，会有一种顿悟的感觉：“是啊，我原来怎么没发现我是这么优秀！”晓晓每天都把赞美撒向每一个角落，播种着快乐的种子。

不久，公司来了一位叫小潘的女人。小潘是个真正的辣妹，眼高手低、言语刻薄，私下里常常对同事挑眼拨刺儿。小潘认为，世界是冰冷的，人心是阴暗的，热情洋溢的人要么心怀叵测，要么纯粹有病。公司里没人喜欢小潘，而晓晓却深得大家的宠爱。于是，小潘就把晓晓当成头号敌人，说她城府深、有心计，从此晓晓成了小潘最主要的攻击目标。

在一次聚餐中，小潘喝高了，她白着眼、撇着嘴，对众同事大放厥词，当面讥贬。大家都喝了酒，一时群情激奋，小潘架不住众人的叱责，几乎要哭了。这时候，晓晓站了出来，她说：“小潘是我见过的最直率的人，身边有这样的同事很好啊，可以随时知道自己做错了什么。”小潘的脸本来是煞白的，现在却忽然变成了通红。

在这个人情薄凉的年代，我们每个人的灵魂深处，早已干涸如一片沙漠。可我们内心里，何曾间断过对赞美的渴求？这时候收到一句赞美，无异于收到一份珍贵的礼物，这是多么惊喜的一件事啊！在这个薄凉的世界里，我们要深情地活着。作为女人，我们应该把自己调成快乐的音符，不与人结怨，不讥讽、不嘲笑任何人。一声发自内心的赞美，无异于一泓清泉，从雪山蜿蜒而来，瞬间温润了冷漠荒凉的心灵。

不要总是抱怨你的伴侣，给他几句温馨的赞美，让他觉得他是天下最棒的。男人最需要得到女性的认可，你的赞美会让他有一种当大英雄的感觉。只需甜甜的一句赞美，那么你得到的回报将是——男人把你当作珍宝一样捂在心口。你的亲人，他们也需要赞美。不要漠视妈妈的爱，要学会感恩，多多赞美她。你是妈妈最贴心的小棉袄，适时来一句赞美，会让妈妈感到无比的欣慰。对身边长相漂亮的朋友，不妨大大方方地赞美几句，对方心情高兴，你也看着赏心悦目。

对于身处要职的人，他希望自己的工作得到下属的肯定。你的一句赞美，会帮他找到自己的定位，同时也为你打开工作局面。感动之后，上司会由此更加信任你，发现你的长处，从而重用你。

与同事的关系，也是极其微妙的。也许误会过、争论过，但对于同事的优点，你何不把这种赞美表达出来？唯有赞美，才能消解敌意，才能帮你营造友好的氛围。

没人会拒绝发自心底的赞美。每天赞美别人一句，你就会摇身变为处处受欢迎的女人。给别人赞美，于你而言没有任何损失，但别人却能感受到你满满的善意。那么，你又有什么理由吝啬赞美呢？只要你有一双善于捕捉美好事物的眼睛，就不难发现别人身上的闪光点。你可以赞美他们的衣服、发型、气色、涵养、谈吐、见识、行事风格、办事能力、幸福的家庭、骄人的成就……总之，凡是你所欣赏的东西，都可以用美好的言辞向他表达出来。

俗话说："授人玫瑰，手有余香。"当你手捧鲜花馈赠别人时，你的手上也会留下花的芬芳。赞美就是如此，当你赞美别人，别人感到愉悦的同事，你也收获满满！从今天开始，学会赞美吧！一颗满怀爱意的心，加上一张如蜜甜的嘴，这样的女人，谁会不喜欢呢？

直来直去是莽汉的作风，温柔委婉才是女子的特长

一次，我们公司里几个同事相聚打牌。正兴起时，一男大呼：“不好了！”众人忙问什么事。该男同事答：“说好要去接老婆的，现在已经过了约定时间了！”一会儿，他老婆来电话了，大意如下：“没关系的，我再等一会好了，只要你玩得开心就好。”

你说，那同事还能有心思再打下去吗？立马扔下我们，接老婆去了。如果他老婆来个河东狮吼，我想大家心里都有数，效果肯定适得其反。

男人最怕的正是女人的温柔。说话直来直去是莽汉的作风，温柔委婉才是女人的特长。男人说话鲁莽，大家会戏称愣头青，一笑而过。如果女人也一样地愣头青，说话不讲技巧，那么她的形象必定大打折扣。要知道，一个聪明的女人绝不会直来直去，她懂得在委婉曲折中获取自己想要的一切，而这一切还是让对方乖乖呈上来。

我认识一位三十几岁的中年女人，她的生活很不顺心。我觉得，她犯的最大错误是在老公和儿子面前太要强。她会数落他们生活中一些芝麻大的错误，从不给男人面子；她会自夸某某方面比男人强，赚的钱比他多；她会经

常在家发号施令，以显示她在家的权威。而这些并没给她带来舒心的生活。曾有段时间，她一个人独自吃住了三四天，后来实在委屈得不行，更受不了那种寂寞，就又把老公和儿子叫来跟她一起吃住。

一个女人聪明与否，关键在于她如何在男权世界里以柔克刚。刚烈的女人“伪装”得柔弱些，更能如鱼得水、得心应手，从而事事如愿。多数好男人外表刚强，内心却十分柔情，尤其在自己喜欢的女人面前，他怎会忍心让自己那位“弱不禁风”的女人承担生活的辛劳？女人，如果懂得多依靠他一点，在他面前撒个娇，就足以让他义无反顾把事情独揽了。

说话是要讲究策略的。你想做一个直率的女人，你不想口是心非，你不愿意说虚情假意的话，这无可厚非。但是，说真话也要掌握时机和技巧，直言不讳有时候会引起激变，结果你的好意人家不领情，你的苦口婆心，反倒会招来一场怨恨。所以，学会委婉地表达自己的想法，是谈话技巧中最重要的一课。

如果你想指出别人的缺点和失误，那么请记住，你的目的是要提醒他、劝谏他，而不是要揭人家的短，更不是拆人家的台。所以，千万不能像泼妇一样言辞激烈。如果说话过激，劝告就变成了指责，别人不但不会接受，反而会回过身来攻击你。你的谈话一定要不疾不徐，待切入正题之后，就可以委婉地陈述自己的意见了。这时候，你一定要做一个心细如发的女人，察言观色，时刻捕捉对方微妙的心理活动，用温和的语言暗示对方。如果对方不开悟，到了不得不直说的时候，也要避免使用敏感的字眼，尽量不造成尴尬的局面，给对方留下一道可供退身的善意的门缝。这样一场委婉的谈话，无处不体现出你的细心和爱心，既不妨碍你们的友谊，又能使他幡然悔悟。

还有些女人，在外面非常乖巧，回到家却是另一副脸孔。和父母说话过于随便，不顾及亲人的心情。和伴侣及孩子说话，动不动就飙狠话，哪怕把家人伤得遍体鳞伤也在所不惜。

婷婷的爸爸最近有些耳背，婷婷往家里打电话的时候，爸爸总是听不清楚，反复发问，婷婷有点不耐烦了。回到家，婷婷对爸爸说：“哎呀，您现在耳聋成这样了呀！我那么大声，您都听不清！”爸爸没吭声走开了，那天饭也吃得很少，婷婷不知道，自己已经伤害到爸爸的自尊心了。

几天以后，婷婷下班回来，看到爸爸戴上了助听器，她奇怪地问：“爸爸，您不至于这样吧？”爸爸叹口气说：“本来我也没有觉得自己老，是你总嫌我耳朵背。”婷婷十分懊悔，以后说话都尽可能顾及爸爸的心情了。当爸爸接了电话却听不真切的时候，婷婷会对他说：“老爸，我替您把话筒的声音再调大一些，好吗？”

作为女人，说话就要含蓄一点，千万不能过于直白。对于不同的意见，要节奏舒缓，用一种婴儿般柔软的语言，委婉曲折地说服他人。真诚沟通的同时，我们也要让自己变得圆通一些。称赞一个人，也需要讲策略，脱口而出的赞扬，会让人觉得虚假。因此，即使是一些称赞的话语，也需要含蓄地说出来，才更显得自然可信。

拒绝别人的请求，我们也要学会委婉。当别人提出让你为难的要求之后，会说话的女人是不会断然拒绝的。她会委婉地向对方说出自己的难处，然后很遗憾地说：“你看这可怎么办？如果你早几天说话，那该多好！”这样一来，那些人肯定不好意思再坚持刚才的请求了，你也乐得脱身。对于那些盛情难却的热心人，也不好拂了人家的美意，在不得不推脱的时候，你可以选择一种委婉的说法：“真谢谢你的关心，需要帮忙的时候，我会第一个去找你。”这样一来，人家会觉得你是以诚相待，只是暂时不想麻烦对方而已。

我们每天都会遇到很多人，如果言行不够注意，可能一不小心就得罪别人。委婉说话，让我们弥补了这一漏洞。委婉说话确实是一门厉害的处世功夫，从说话的角度、语气到词汇的运用，这里面都是学问，姐妹们有必要认真学会它。

聪明女人都懂得给人台阶下

赵俪结婚的时候，全公司的人都去贺喜。赵俪夫妻把他们安排在高档的酒店，酒菜十分丰盛。席间，有一位副经理喝得有点多，话就稠密起来。不知为何，他的话题矛头一直指向一个年轻人小王。他说："小王啊，全公司就你一个单身了，你要抓紧时间，把终身大事当作工作来完成啊。"小王说："是。"副经理又说："不是我批评你，我听说有许多好姑娘你都看不上，这可就是你的不对了。你说，是不是你挑得太高了？"

全桌都有点沉默，因为大家都知道，小王长得比较"谦虚"，家境也很一般，虽然有热心的同事给他介绍了几个女朋友，却都是女方拒绝的。现在领导喝多了，拿这个来喋喋不休地说，小王心里肯定难受，脸色很不自然。领导的话，回答不是，不回答也不是。

这时，赵俪站起来说："李经理，今天是我的大喜之日，我才是今天的焦点啊。您还没有祝福我呢！"副经理说："我记得已经祝福过了啊。"其他人急忙说："祝福一次哪够啊，要祝福一次又一次！"一桌人又开始欢声笑语了。

学会打圆场，给人台阶下，这是一个女人的智慧，更是解人意、通人情的表现。这样能让你赢得别人更多的好感，结交更多的贴心朋友。当你在朋友圈中有了一个良好的形象，人际关系处理起来自然就得心应手了。

不仅在社交场合，即使在家里，一个聪明女人也懂得给别人台阶下。当与伴侣发生矛盾时，你要懂得如何把大事化小、小事化了，而不是火上浇油、煽风点火。

一天，小宁和老公由于一点小事争论起来。在平时，他们的关系还是非常好的，这次是因为他喝了点酒，情绪很激动。小宁觉得和一个醉了的人争论也争不出什么，就说："我不和你说了，我要出去！"老公却很大声地吼道："滚！滚出去就永远别再回来了！"这句话很狠，小宁一下子呆住了，她老公说完也呆住了。

如果不是一时冲动，她老公是绝对不会说出这种话的。小宁委屈的眼泪汪在眼窝里，她老公的脸色发白，已经为自己的话感到后悔，但话已出口，又收不回。小宁想，如果自己真的冲出门去，这小事就真的变成大事了。于是，她走到桌前坐下，说："我为什么那么听你的话啊！哼，我偏不滚！"小宁的老公急忙把话往回挽："不滚就别滚，以后也永远不要滚好啦。"说完，二人忍不住笑起来。一场风波就此平息。

正所谓"人情似水分高下，世事如云任卷舒"，一个懂得人情世故的高情商女人，必将处处受欢迎。懂得换位思考，给别人台阶下，这不仅是高情商，更是最顶级的处世智慧。总之，一个聪明的女人，总能在关键时刻力挽狂澜，让事态从悬崖边缘回到正常的理性状态。

不过，给别人台阶下并不是容易的事情，甚至有时你要学会替对方找理由做解释。

李子叶是一个品牌服装店的销售员。有一天，一个客户拿来一套西装，说他穿着不合适，要退货。细心的李子叶拿过来一检查，发现前襟有点油污，这分明是客户穿过的。李子叶问：“我们店里有规定，衣服如果您穿过的话，就无法再退了。”

客户信誓旦旦保证说：“没有，我绝对没有穿过。你看，衣服扣眼还没动过呢！”李子叶把那块污渍指给客户看，客户一下子就哑了。

看到客户面露尴尬，李子叶担心事态恶化，开始给客户找台阶下，说：“您有孩子吧？有时候孩子很淘气，爱穿大人衣服，小脏手乱摸，就可能把衣服摸脏呢！我姐家的闺女就那样，总是把我姐的衣服搞得不像个样子。”客户说：“对对，这肯定是我家那个调皮鬼干的，看我回去不打他屁股！”李子叶把衣服帮客户包起，办理完退货事宜，客户就离开了。

李子叶不愧是一个聪明的女人，在客户尴尬的时候，没有揭穿他的谎言，适时地为他制造了台阶，给他留足了面子，让他顺势而下，不再作过分要求。试想，如果她一直坚持，说衣服是客户穿过的，会怎么样呢？对方可能会吵闹一通，还会到处宣传店里没有三包服务，不讲信誉，即使把西装退了，店里也会遭受名誉损失。

很多事情是不能挑明的，一挑明就如漏了光的底片，一切都完了。事实正是如此，给陌生人台阶下，可以收获友谊；给情敌台阶下，能够维护爱情、保全家庭。姐妹们，我们要让自己聪明起来，不能什么事都硬拼傻干。一个懂得给人台阶下的女人，才是真正的智者！

第八章

如何立身处世——现实不懂怜香惜玉，聪明女人一定要懂人情世故

请丢掉那些理直气壮的天真想法吧

汽车、别墅、帅哥、大把的钞票……你是不是经常做着这种“睡觉睡到自然醒，数钱数到手抽筋”的美梦？你是否觉得生到这个世界上不是为了受苦的，而是为了享受这“美丽人生”的，理直气壮地认为自己想要什么就有什么？

我想告诉你，这种想法很美好，让人沉溺其中，不过实在害人。如果一切都像你这样“心想事成”的话，那大家都腰一叉，头一昂，站在那里等天上哗啦啦落金雨就行了。可事实是，连比尔·盖茨的女儿也不是想接管微软就能马上去当老大的；股神巴菲特家的公主也不能管住老爸把财富都捐给慈善事业。她们对那堆财富难道不眼红吗，难道不想要吗？肯定想，可她们得不到这一切是理所当然的，因为财富是父母辛苦奋斗而来的，不是自己的。

而许多女人们，父母的生活才刚“脱贫”，自己就想奔“小康”了，拿着父母的血汗钱商场血拼狂败，父母不给就耍性子。抑或一结婚就窝在家里当“全职太太”，以为有了老公就什么都有了，今天想买衣服，明天想旅游，后天又看上某处的房子，大后天又被谁家的车子惹红了眼……为了“家庭的美好未来”，让老公日夜不停老牛般奋斗，就是为了满足自己那永无止境的虚荣欲望。她们觉得，反正我嫁了你，你就有责任让我过上自己想要的生活！

这些想法和行为都未免太幼稚了，小孩跟大人要这要那的时候还要看脸色呢！而女人们，你理直气壮地向老爸或老公要东西时连眼皮都不眨一下。谁说过你生来就可以锦衣玉食、荣华富贵了？能让你“想要什么就有什么”的是骗局、是童话！

在物质匮乏的年代，女孩们只有新年才能添置新衣服和鞋子，而且鞋子还是妈妈或奶奶、外婆做的，但她仍觉得自己是幸福的，不会无缘无故跟大人要东西，是给什么就穿什么，做什么就吃什么；而你，却从小就学会了在商店门前大哭大闹，那么令人喜欢的同时也那么刁蛮任性。可你仍觉得老天对你不公平，不能像其他人那样想买什么就买什么，想去哪儿玩就去哪儿玩。你理直气壮地认为，自己应当受到这种优待。在这种心态下，在家的时候，你不理解父母的苦心；结婚嫁人之后，仍要继续享受特殊待遇。父母宠你，那是因为你是他们的孩子，老公宠你，就没这么理所应当了。家庭是需要两个人共同维护的，没有谁是谁的公主或王子。天上不会掉宝马香车、洋房别墅，只有你努力奋斗了，才可能得到自己想要的！这世上从不缺会做梦的人，只缺能把梦变成现实的人！

世界从来不公平，生活从来不完美，丢掉那些自认为无懈可击的天真想法吧！现实一点，认真做好你手中的工作，如果你还有梦想，就为梦想的实现做点什么。如果没有梦想，就试着去接受现在的生活，过好眼前的日子，活在当下，知足何尝不快乐？要知道，人的欲望是无止境的，所以不该被放纵，而要去克制。看看那些落马贪官、抢劫偷盗的罪犯，那些在欢乐场所卖笑的人，哪个不是在自己无穷的欲望中迷失，找不到回归的路？

你的工资或许是有限的，或许你努力一个月，还买不到香奈儿的一件裙子，可其他牌子不见得就不美丽。真正幸福的女人不是富婆款姐，也不是为所欲为的刁蛮公主，而是那些能在平凡生活中发现不平凡并能捕捉到幸福的平凡女子。

不要显得比别人聪明，否则你就是世上最蠢的人

你看过电视剧《粉红女郎》吗？剧中的“万人迷”风情万种，阅人无数，又有独特的“恋爱宝典”，自以为能够战胜任何想要的男人。她也曾对“金龟王子”王浩心存幻想，并且着意引诱。同时，剧中还有一位富家女余露，丝毫不把这些世俗女人看在眼里。为了得到王浩她机关算尽，而结果呢，她们都惨败在了一个长得傻傻乎乎，凡事不动心眼、性情本真的女人“结婚狂”手下，生生地让“结婚狂”钓走了金龟婿。

女人聪明一些自然没错，关键是，你如何运用你的聪明为你带来幸福。事实上，真诚才是世界上最厉害的套路！你看《红楼梦》中的王熙凤，“机关算尽太聪明，反误了卿卿性命！”清代名臣曾国藩曾说：“唯天下之至诚能胜天下之至伪，唯天下之至拙能胜天下之至巧。”拙诚才是一种大智慧，这是隐藏起来的真正实用的谋略。而那些精明外露的人，他们所拥有的只是小聪明。小聪明害死人，而大智慧才能成就人。

英国政治家查士德斐尔这样告诉儿子：“你要比别人聪明，但不要告诉人家你比他聪明。”此话堪称经典。或许你很聪明，但一定要韬光养晦，不可处处显示你的聪明。永远不要看轻任何人，把别人不放在眼里，是为自己

的人生树敌。聪明，不是你对付别人的武器，而是你为人处世的法宝。你也许有自己的看法和见解，但你一定不能自以为是。

永远别自作聪明，自作聪明的人是最傻的。别喋喋不休地抱怨自己的伴侣，说自己是瞎了眼才选中的他，你难道不明白嘲笑他的无能正是在嘲笑自己的眼光吗？不要抱怨自己的上级、自己的同事、自己的工作，别一概不把他们放在眼里，如果你真的聪明，就一定能够把工作做好，把身边的人际关系搞好。这才是真正的用实力说话，你鄙视他们，其实就是在鄙视自己。同时这也意味着，你根本不是一个聪明的人，你只不过是自作聪明、自欺欺人。

我有个朋友，是有名的“万事通”，凡事都懂，并且不容反驳。别人知道的，她一定会知道。甚至我用的洗发水，她都坚决认定是假冒品，一二三，举出三条理由。一天，我和另一个朋友阳阳聊天，阳阳说“麦当娜病了，检查不出什么原因，一直难以治愈”之类。她凑过来，驳斥我们的错误，她说麦当娜马上要开个人演唱会了，哪里有什么病呢！我和阳阳不由得一齐大笑：“麦当娜是阳阳家养的一只小猫咪！”无所不知、无比聪明的“万事通”，一下子哑口无言、尴尬极了。

要知道，人人都渴望别人夸赞自己聪明，所以处处可见把聪明挂在脸上的人。从心理学角度上说，自我炫耀、自我表现的欲望人人都有，你不能只给自己机会而不给他人机会。你越显示你是无所不知的“万事通”，越表明你在为人处事上的无知。聪明不是让你显摆的，它是让你解决问题的。一定要学会在合适的时候，利用你的聪明，而不是在日常中滥用。

你很聪明，可你千万别算计别人。你的聪明要用“正”，不能用“歪”。聪明要利人利己，千万不能危害他人。有些小聪明的人，只做有利于自己的事，为了自己的利益不惜花费心思对付别人，又使绊儿又陷害。这种伎俩一旦识破，其所作所为就会被世人厌烦和抛弃。俗话说：“扮猪吃老虎”，聪明的人往往败给看似愚笨的人。试问，到底哪个更愚蠢？

女人要聪明，但不能太聪明。有时候，你的聪明会成为你手中的剑，对付不了别人，反倒伤了自己。如果你以为别人都比你愚蠢，那说明你正是这个世界上最愚蠢的那个人！

以女人的方式生存于世，捷径就是以柔克刚

“天为什么蓝？是我要它蓝！火为什么烫？是我要它烫！一年为什么分四季？是我要它分四季！你为什么出生？是我要你出生！”

这是电影《我的野蛮女友》中很经典的台词，是蛮不讲理的全智贤声色俱厉的自我展示，足以让数以万计的观众动容：女人扬眉吐气，男生忍气吞声。我很明白这部电影当年为什么会火，但我同时也相信，在中国没有几个男人会喜欢像女主角那样的女人。

与这类刁蛮女子相比，社会更青睐于这样的女人——她，全然一副镇定、随和、与世无争的样子，她见了谁都会微笑，遇到什么事都不会发怒。她与人讲话慢声细语，似乎没有什么威慑力。可是，她做起事来得心应手，棘手的难题到了她这儿就能轻松化解；那些在职场上气势汹汹、不可一世、目中无人的竞争者，不知不觉就沦为她的下属。虽然对她心存不满，但提起她来反会心怀敬意！

这样的女子，她的本性是柔弱的，而柔弱却不是她的“致命伤”，反而是她的“杀手锏”。会做事的女人，懂得把这一招巧妙用于职场、情场及家庭中，总是屡试不爽。

我有个朋友，她给我讲过她远房亲戚姚苗苗的事。姚苗苗家境不好，就到一家公司打工。那个时候，公司为了一桩大生意，正在和另一家公司进行着艰难的谈判。对方态度很强硬，在产品价格和服务方面，毫不松口。可是如果接受对方的条件，她打工的那家公司就没有利润了。公司已经派出多名人员前去，有的老业务员还和对方拍了桌子，最终还是败下阵来。公司实在不想放弃这个项目，但也没人再去和对方交涉，只好派姚苗苗去碰碰运气。

谁也没有想到的是，姚苗苗连着去对方公司三天，竟然把合同拿回来了！这下子满公司皆惊，问她用的什么绝方秘术，她也说不上来。后来两家主管在一起喝酒，对方主管几句话，道破了其中奥秘。对方主管说："你公司那个姚苗苗啊，柔柔弱弱的，走路也轻，说话也轻，弯着眼睛老是笑，眼神也单纯。一连三四天，让我没脾气，哎呀，搁谁谁也受不了！"

姚苗苗也许很幸运，撞到一位懂得"怜香惜玉"的主管。同时这也告诉我们一个事实，很多事情，并不是一味强势就能做到。女性的柔弱，只要善于运用，就能够战胜刚强。

在一个家庭中，男人的形象是高大的，是顶天立地的，而女人却是弱小的，是处于劣势的。按力量对比来说，应该是男人说一不二，女人唯命是从才对。而实际上，现代中国式家庭，尤其是年轻的小夫妻中，男人往往是"妻管严"，具有"三从四德"的美德。为什么会出现这种情况呢？这是因为，在和男人"斗争"中，聪明女人不会用蛮力，而会巧用计，正所谓"男人征服世界，女人靠征服男人来征服世界"，直接连本带利彻底回收！

我曾在一个真人秀的电视节目中，看到一个女人对老公"血泪控诉"，她认为男人在故意冷淡她，这是家庭冷暴力。她结婚才半年，就觉得难以忍受。当时她的老公没有到场，于是记者就在场外采访他。女人的老公在采访中说："很讨厌她在家里处处以女强人自居！凭什么对我指指点点？为什么事事她必须占上风？"

没有哪个男人会喜欢咄咄逼人、气势汹汹的女人，不要总是用男人的手段来对待男人。要想得到幸福，捷径就是以柔克刚，这才是咱们女人的秘密武器！一些虚的面子问题，不要和他争，你要的是实实在在的幸福。女人的本性是水，像水一样柔，像水一样灵活，所以你就要在男人面前表现出水的特性。男人强硬，我服从；男人总是一副保护者的姿态，我愿意被保护。我小鸟依人，我撒娇，我装糊涂……你说，这样的女人，哪个男人不更怜爱三分？

无论遇到什么事，聪明的女人都不会硬碰硬，这是最不划算的行为。硬碰硬，只有两败俱伤，对谁都没有好处。其实，你的柔弱，反倒是你的优势，只要运用得当，会让你保全自己，战胜敌人。

其实，以柔克刚是中华文化中的大智慧，有着几年前的基因传承。在这里，我有段话要送给天下女人——柔者，水也；刚者，石也。水滴石穿，而水无损。柔者，舌也；刚者，齿也。齿刚易断，而舌柔长存。如果学会了这一中华智慧，你将无往而不胜。

聪明的女人一定要牢记——作为女人，就要以女人的方式生存于世。女人自然的本性是水，而水则无坚不摧，所以你的柔弱完全可以战胜刚强。从今天开始，你只需做好自己，就已经足够了！

即使是自己能办的事，也不要马上答应

一次，我周末和老公一起逛街，遇到同事小雅一个人百无聊赖地走着。我好奇地问："小雅，你怎么在这里？不是和娜娜说好去野外郊游的吗？"小雅回答："娜娜中途来了个朋友，所以我就只好一个人了。本来这周末计划是去一个日语老师那里学日语的，结果让娜娜弄得日语也没有学成，盼望的郊游也泡汤了。"小雅越说越生气，"以后，再也不和娜娜作什么计划了，真是耽误时间！"

生活中总有这样的女孩子，本来答应好别人的事情，但到了关键的时候，却又做不成，把别人耽误不算，自己还落得个没信用的标签。当然，这些女孩子并不是想这样没有信用，有时这样的女孩子还是挺热心的，喜欢帮助别人，但中间总是出现这事那事，弄得不顺利。所以，如果你是这样的人，就要改一改了，别总是好心没做成好事，反倒招来别人的厌烦。

为什么总是出现这样的事情呢？很简单，这些女人话说得太满，总是不经大脑就把事情答应下来了。于是等到自己去做的时候，才发现本来很简单的事情变得复杂很多。要想改掉这样的缺点，让自己成为一个有信用的女

人，就要做到以下几点：

一、不要轻易答应别人

有的人喜欢说大话，喜欢为自己揽活。但这样的人总是忘记：答应的事，就像欠下的债。如果你喜欢揽活，只是随口说说，那么你说的话算是什么呢？记住，即使你只是随口说说，你也需要付出，只不过付出的有多有少而已。否则，人家在那边苦苦等待，你在这边却早就把这件口头的约定抛到脑后去了，等到人家问你事情办得怎么样，你肯定说不上来，到那时再去说“对不起”，人家肯定觉得你是在放鸽子。这会造成没信用、不尊重人的印象。

二、答应别人的事情，一定要放在心上

越是小的事情，越容易忘记。何况有的女人本身就比较健忘，答应别人的事情，她们也想很好去做，但不知不觉在脑海里忘记了，于是就为自己带来没信用的恶名。怎么办？建议你为自己做个备忘录。每天翻下备忘录，看看是否已经答应别人什么事情了，抓紧去做，即使有新的安排，也能够避开撞车。

三、给自己留些余地

许多女人喜欢把话说得很满，对方有什么事情，自己总是满口应承：“没事，你放心，这事我办肯定没有问题。”当然，你给人家这个许诺，人家当时会很高兴，所以也就觉得事情可以解决了，不用去做别的准备了。记住，人家这样做是因为人家相信你。当然，希望越大，失望也就越大，原来你可以轻而易举做到的事情，到了现在可能就是很麻烦的事情。事物总是变化的，没有一万还有万一呢！当事态变化到你不能把握的时候，自然答应人家的事情也就泡汤了，而你原来和别人的“信誓旦旦”也就是打自己的耳光。当你再去和人家说“没想到……”，此时人家肯定不会给你好脸色。

四、没有做到的事情，一定要诚恳道歉

当然，有些事情总是出乎我们的意料，如果你经过再三努力仍没有做到，就要诚恳地说明原因，向对方表示歉意。不要自己没有做到，但也不给人家回应，不解释不道歉，这显然会让人以为你把事情忘记了。长久下去，人家对你也就“刮目相看”了。

在这个社会上，立身处世的根本在于人品，表现出来的就是你的信用。生活中遇到的都是小事，但这些小事也都不是小事，也许你觉得自己在小事上可以疏忽一下，说个“对不起”就行了，但长期下来，你没有了信用，就再也没有人找你办事了。当然，你也就错过了许多做大事的机会。老人总是说，“嘴上没毛，办事不牢”，就是指年轻人眼高手低，看什么都简单，喜欢轻诺寡信，结果却又总是办不到。如果事情办砸了，远不是一个“对不起”所能承担的。所以，作为女人，我们要稳重为先，即使是自己能办的事情，也一定不要满口答应，要讲究策略。这样一来，别人才会看重你，尊重你。

欲取先予——女人要懂的情感投资之道

有位商人由于判断失误，手里积压了大量的玻璃鱼缸，运又难运走，卖又卖不掉，郁闷至极。商人的妻子十分聪明，她想出了一个办法——从市场上购买了上千条小金鱼，放到城边一条水渠里。水渠里的金鱼吸引了许多市民下水捕捉。捉到了怎么办，总得养着吧？大家都纷纷去购买鱼缸。没过多久，商人的鱼缸就被抢购一空。看，她只是巧妙地送出去一些金鱼，就把问题解决了。正是应了“欲要取之，必先予之”的古言。

不仅做生意要学会“欲取先予”之道，在人际交往中同样要学会这一招。现在的社会，处处都是人情，真可谓“人情重于泰山”。这个时候，你千万别把“送礼”二字视为洪水猛兽。适当的、不违法犯纪的人情来往是必须的。这是咱们中国人的传统礼节。年轻的你，别因为所谓的“正义”，而忽视了这一点。

“欲要取之，必先予之”，听起来似乎有点“小阴谋”。在“予”之前是有所策划的，“予”的目的，就是为了“取”。毋庸讳言，这其实也就是咱们中国式为人处世的方式。我们不是一直提倡“礼尚往来”吗？礼就要有

“往”，才能有“来”。来来往往，才能让你在处世方面处于不败之地。有的女人看到这里，可能十分不屑，认为这是教人学坏的言辞。事实上，我并不是教你诈，只是真诚地说出一些社会的真正“规则”而已。

我认识一个叫阿呆的朋友，虽然自嘲为“呆”，但在现实生活中却一点都不呆，她是一个很会为人处世的女人，做起事来滴水不漏，八面玲珑。不管是同事也好，同学也好，亲朋也好，几乎没有一个不在背后夸赞她。

她爱聚会，爱热闹。由于单位里年轻人比较多，周末或节假日她都会邀请大家到她家小聚——为了经常小聚，她专门腾出一间屋子作为娱乐厅。在她家吃罢喝罢，接下来就是尽情娱乐。阿呆还有一个最大特点，就是在能帮别人的时候尽可能帮助。大忙帮不上，就帮小忙。有时即使帮不上忙，可她尽力了。每个人都知道她是真诚的。所以，当她有什么需要求人的事情，大家都会鼎力相助。年末，单位里推荐干部人选，阿呆几乎以全票当选。有人说，这正是阿呆的精明之处，因为她一直在做感情投资。

感情投资没有什么不对。投资对了，得到成效也是理所应当。从某种意义上说，感情投资才是一本万利，具有四两拨千斤的神奇力量。

感情投资不仅用于职场，在情场同样行得通。如果你爱上一个男人，你希望他也能深深地爱上你，能在乎你，能宠着你。如果你们两个能够同时坠入爱河，那自然最好。但也许他对你的爱恋却浑然不知，怎么办？你总不能站在原地傻傻地等吧？一味地被动等待，只能让你错过他。这个时候，你就要施加感情投资的绝技，见缝插针地关心他，为他倒上一杯水，为他送上一份饭。即使你什么都不说，只是这么默默地做，只要他不是呆瓜，总有一天，他会感受到你的爱意，难道他还会继续傻下去吗？如果他也爱你的话，一定会及时回应。所以，为了博得他的爱，你就要先给予自己的爱。一般来说，这样的感情投资不会白白浪费。最坏的结果就是，没有得到对方的回应，但你主动争取了，你的人生已经没有遗憾了！

或许你是一位女领导，有自己的事业。对下属，对客户，你一定要态度友善。要关心下属，不仅物质上关心，真正的关心要从“心”开始。多些仁爱，关心他的成长，关心他的待遇和福利，关心他个人难以解决的问题。要让他为你兢兢业业地工作，你必须先掏出自己的心。对客户也一样，站在对方的角度考虑问题，为他们提供最优质的产品，最完善的服务。人心换人心，五两换半斤。只有让客户感到信任，你才能获得最大的利益。

现在的社会，是精细分工和注重交换的社会，你只有付出，才会有回报。有舍，才能有所得。年轻的姐妹们，一定要让自己明白“欲要取之，必先予之”的道理，这是我们这个现实社会的处世规则，怎能不学，怎可不懂?

一旦确定做什么，你就要全力以赴

一个叫茹意的姑娘，十几岁的时候看了一部电影，剧中有位女律师在为犯罪嫌疑人辩护时，态度从容，有理有据，侃侃而谈，给她留下极为深刻的印象。高考报志愿时，她首选法律专业。只是很遗憾，大学录取通知书下来，她却被调剂到一个冷门专业。看到这样的结果，茹意虽然有些失落，却没有失去信心。她在学好本专业之外，其余时间都用来学习法律。她去法律系课堂上旁听，和法律系同学一起研究案例，去图书馆潜心研读。经过四年学习，她顺利拿到所学专业的本科毕业证，同时她对法律知识的掌握毫不逊色于法律系毕业生。

毕业后第二年，茹意参加全国司法考试。由于她基本功扎实，竟然一举通过！在一家律师事务所工作一年后，她又如愿拿到律师执业证书。而那些与她一起参加司法考试的法律专业同学，如今还在第二次、第三次，甚至第N次地苦考呢！

在同学聚会上，大家都很佩服她，非法律专业的她竟然在如此短的时间内心想事成，其中究竟有什么成功秘诀呢？茹意说，没有任何诀窍，一切很简单。只要是我认定的，我都会全力以赴，决不轻易放弃！她给我们讲了这样一个故事。

大一暑假时，她回农村老家帮父母干活。一天中午，她拉着一车草爬坡。坡很陡，她试了几次，都是拉到半路没力气了，只好退回来。这时，旁边一位老人慢慢走过来说，我帮你吧。就这样，在老人一声声的“加油”声中，她终于把车拉到了坡顶。她向老人道谢，老人说，你不用谢我，是你自己把车拉上来的，你看我头两天把腰闪了，根本用不上力气，我不过跟着车走，给你喊了几声“加油”！茹意恍然大悟，她说，这件事让我明白——无论做什么事，只要自己给自己喊“加油”，永不言败，全力以赴，就会成功！

年轻女孩初入社会，总是满怀美好的理想，自以为凭着一腔热血，就会一帆风顺。然而现实是残酷的，丝毫不懂惜香怜玉。当挫折来临时，再漂亮的女人都可能遭受难以承受的打击！这个时候，女人就容易对自己的理想产生怀疑，从而半途而废、一蹶不振。

你自己才是自己人生的大敌！轻言放弃，是懦弱的表现，最终只能前功尽弃，一事无成。聪明的女人则是坚强的。不管是人生中的大事，还是生活中的小事，只要你肯开动脑筋，下足工夫，就会无坚不摧，没有办不成的事，没有实现不了的梦想！火力猛，士气足，还有攻不下的山头吗？成功，当然在意料之中。

如果山头攻不下，就撤兵吗？决不！你可以围魏救赵，曲线救国。有个女人是做销售的，某个客户多次交涉，却迟迟不肯下单，并且态度很不友好。她暗里了解到，老总有个小孙子，因为爸妈很忙没空照顾他，有轻微的自闭症。老总心情烦躁，大概就出于此。这女人就主动接近这个孩子，想尽办法让孩子摆脱自闭。当孩子机灵活泼地绽开笑颜，这个女人的订单就稳稳地拿在手中。事实正是如此，做事一定要坚持，不放弃，但事情的解决办法不止一个，没有必要钻牛角尖，进死胡同，不要一条道走到底。

再退一步讲，你可以逆向思维，从另一个角度入手，反其道而行之。小朋友掉进水缸，没有办法让“人离开水”，那就把缸砸烂，让“水离开人”。大家都往南走，都碰壁，我往北走好了。做事“南辕北辙”又何妨？只要能够达到目的，路径只是策略而已。以正治国，以奇用兵，出奇以制胜，最后皆大欢喜。

作为女人，一般都不缺少激情，缺少的是执著、坚持，那种勇往直前的精神！聪明的女人会“立长志”，而不是“常立志”。她一旦确定要做什么事，就会坚定前进，毫不退缩，迎难而上，持之以恒！这样一来，不管什么样的困难，都会为她让路。

第九章

如何淡定从容——即使天塌下来，我们也要保持优雅

不懂欣赏你的男人，没有资格让你为他悲伤

所有沉浸在爱情之中的女人，总是在做同样的梦：

她们幻想着，这个男人对自己百依百顺，永远不会离开自己。就像歌曲《最浪漫的事》中唱的那样，她想象着恩爱甜蜜的日子，憧憬着与他一起慢慢变老，老得走不动的时候，还会坐着摇椅慢慢聊……总是想得如此美好，以至于从来不去考虑这样一个问题：如果有一天他不爱自己了，又该怎么办？

确实，当他爱你的时候，他的甜言蜜语，他的一言一行都是那么美好，你享受，你陶醉，你想当然地以为，这就是永远了。可突然有一天，当本以为稳稳当当攥在手里的男人，抱上了别的女人。或者，当日子一天天过去，男人对你的爱荡然无存。遇到这种情况，很多女人会被突如其来的变故击昏。先是不敢相信，掐自己的胳膊，拍自己的脸以作求证；然后，去找他算账评理，骂、打、抓、咬；等疯狂过后，可能又要去求男人，求他回来，以前的事既往不咎，只要以后好好过日子还是好夫妻。可你这样做，就能让他回心转意吗？

如果确定他真的不再爱你，那你就开始寻死觅活，继而他就会再爱你

吗？不会的。没有哪个男人会去爱一个死缠烂打的女人，没有男人会去爱一个懦弱的女人。与其放弃尊严去乞求一个男人无望的爱，倒不如挺起胸膛，来个优雅的转身。

怎么办？没有他的爱，女人照样要好好地活着！在认识他之前，你活得很开心，在认识他之后，你活得更幸福，现在呢，你只不过是要从“幸福”回到“开心”而已。

王丹是个性格内向的女子，嫁给做生意的男人后，起先过了几年幸福日子，可男人有钱了却不是好事，很快第三者插足。王丹见过他们在一起的场景，也看过一些照片，都确凿无疑。她不知哭了多少次，也曾试图到他公司里去闹，一不做二不休，先让他声名狼藉再说。然而，她并没有选择这条路，而是一点点地想通了。

想通后的她，不再是六神无主的落魄模样，从此开始疼爱自己。每天对着镜子仔细地化妆，择眉、描唇、扑粉。她会细心地搭配衣服，得体、有风韵。好多人认为，王丹这么做，是为了让男人回心转意，其实完全不是。几个月后，她走进法院，递交了离婚申请。

在不爱自己的男人面前，王丹做到了优雅转身。几年后，她遇见了一个更优秀的男人。这个男人对她疼爱有加，而且忠诚、善良，两个人齐心协力共同打拼，新公司经营得红红火火。王丹现在十分幸福，令周围人艳羡不已。

当苦苦爱着的男人不再爱自己的时候，我们很难做到优雅。这可以算是女人们的一种通病。的确，爱情面前，谁都会敏感脆弱。你的心可能已经像玻璃，经不起摔打。可是，他已经不爱你了，这已经是比板上钉钉还要确凿的事实。你难道甘心留在他身边，却每天被他冷落忽视吗？你甘心作为他的附庸存在，永远丧失自我吗？

美丽的女人，不但要优雅地前进，也要优雅地后退。对智慧的女人而言，拥有时是幸福，失去时，也要让自己拥有重新追求幸福的权利。人生的幸福，要由自己来主宰！

当他不再爱你的时候，为什么不来一个优雅的转身，重新追求更好的人生呢?

优雅转身，证明你是一个懂得克制的女人。你已经伤心过、痛苦过，满脸的泪水留给了自己，内心的挣扎也曾让你疲惫。然而，接下来你要想到，只有转身才能成就更好的自己。

优雅转身，证明你是一个内心坚强的女人。你没有被他打垮，你在向他证明：没有他的爱，你会更加爱自己，没有他，你一样会过得很好。既然爱不在他这里，可能在别的更多人那里。从现在开始，你有了新的机会。

优雅转身，证明你是一个有尊严的女人。他不爱你了，他是一个不懂得珍惜真爱的男人。这样的男人，是不值得你再爱下去的。在他说出抛弃你之前，对他说，是你放弃了他。

要知道，世界那么大，人心那么复杂，并不是每个女人都会那么幸运，恰好遇到从一而终的男人。谁都有可能遇到负心的他。当你确定他真的不再爱自己，那就优雅地转身吧！做一个美丽、高贵、自尊、坚强的自己，如果世上有“后悔”存在，那么后悔的，肯定是他。

在离开之前，不要吵闹、不要谩骂，否则他会在心中暗自庆幸——幸亏早作打算，丢掉了一个泼妇！在离开这个辜负你、伤害你的男人之前，你要把自己最美的一面展示给他，告诉他，他的打算是多么失策。他失去了一个爱他的女人，是天大的损失，而你，不过是离开了一个不爱自己的男人而已。

即使只是下楼买水果，记得也别穿得太邋遢

看到这里，你或许会说，好累喔，难道下楼买个水果、出门倒个垃圾还得盛装打扮一下啊？！呵呵，当然不是的，但如果你穿得邋里邋遢，买水果时意外遇到你心仪的男人呢？倒垃圾时意外遇到你的老板呢？到时候尴尬的可是你自己喔！

对个人形象的重视，无论是在家里还是人群拥挤的菜市场，都要一样保持。这不仅是一种个人魅力，更是一种个人素质，一种优雅美好的生活习惯。

欣琳打扮整齐地走下楼，正好遇到两个邻居，邻居对她打招呼说：“去逛商场啊？”欣琳笑了，说：“不是，我去对面买点水果。”两个邻居相视一笑，上楼走了。欣琳听到她们的议论声：“啧啧，这个女人怎么买个水果也要把自己打扮一下。”另一个说：“是啊是啊，你看她还真不怕麻烦！”欣琳摇摇头，继续兴致勃勃地去买自己的水果了，她并没有觉得自己打扮有什么不对。

欣琳每天下楼的时候，都会在小区里遇到一个男人。这个男人每天到

了固定时间就带着狗出来散步。第一次看到欣琳，男人的大狗就兴奋地冲着欣琳大叫，欣琳总是微笑着跟男人打招呼，他也总是微笑着看欣琳。在他看来，这个女人有一种独具韵味的美，清新、干净、整齐。小区里见惯了穿着睡衣，邋里邋遢的女人，欣琳总是干净示人，这让他不知不觉产生了异样的好感。

时间久了，两个人都在对方眼里读到一种火花，激烈地碰撞着。男人第一次去欣琳家，毫不意外地看到了一个清新的家，就像他一直渴望的那种：窗台上养着花，房间里整洁有序，看得出来，女主人有着良好的生活习惯……后面的剧情你一定猜到了，两个人顺利走进结婚殿堂，有情人终成眷属。

女人要明白的是，让自己邋里邋遢地出现在公众场合，这是对自己的不尊重，更是对外界环境和他人的不尊重。每天把自己打扮整齐再出门，这应该成为一门基本的必修课。如果你连自己都捯饬不好，你还能做好什么事情呢？所以，无论你去哪里，只要走出家门，就要在出门前对自己进行细致地修整，然后面带微笑地出门去。

如果一个邋里邋遢的女人出现在众人面前，很容易引起他人的反感，不会有人喜欢和她接触，也不会有人喜欢和她寒暄。于是，她的人生机会就会少很多。而一个打扮整齐的女人就与众不同，无论走到哪里都会受到别人的尊敬和欢迎。要知道，人们大都是以貌取人的，在大多数人看来，一个打扮整齐的女人必然有着很好的修养和高雅的品味。

有人或许会问，我的收入不高，如何很好地穿衣打扮呢？事实上，不论衣服价位高低，总有能够穿出美丽的方法。无论你的身材好坏，干净整齐你完全可以做得到。不要觉得买水果时面对的只是一个小摊贩，小摊贩当然不会在意你穿什么衣服。但你要知道，只要你走进人群，就不能太邋遢，因为你面对的是整个世界，而你要向世界展示自己的独特魅力！

我还没举枪，她就倒下了
——再开放也不能变成透明人

我们总能在一些公众场合看到一些行为怪诞的女人，她们着奇装，化怪妆，打扮另类，言语粗俗，让大男人听了也脸红脖赤。她们在大庭广众之下，公然与男友亲热，旁若无人，又抱又亲，让路人不忍侧目。

难道，现在的女人竟然开放到这种程度了吗?

我有个记者朋友，要做一期有关“外国人在中国的婚恋问题”的节目，需要去采访一个美国来的留学生约翰，我正好也在做与此相关的调查，就和他一起去了。接受采访时，约翰很直接地说：“很多中国女人主动和我打招呼，她们好像非常喜欢结识外国人。如果我请她喝一杯酒的话，她马上就把手机号码留给我。我有时也会故意进行身体试探，很少会被拒绝，这在美国是难以想象的。在美国，如果刚认识我就这么做，她们不会给我号码，而会给我耳光。”当记者问起这类直率的女人是不是更让人喜欢时，这个出生并成长于一个开放国度的年轻人，微笑了一下，摇了摇头。

作为女人，我们在和人交往中一定要自尊、自爱。不管面对陌生人，还是面对很熟的人，都应该有自己的原则和底线。穿衣要时尚，但不能过于大胆暴露。透、露、瘦的衣服可以穿，但一定要有尺度，别给人轻浮的印象。过于暴露的着装，会让人产生非分之想。别穿奇装异服，非主流的装扮会让人觉得你像个“小太妹”，使你魅力尽失。装束越怪，化妆越浓，你的生活就越像演戏，别人只会把你当演员，不会拿你当真实的朋友。

我们的肢体动作也要适度，不与人过分亲昵。有时，一个不合适的动作就可能造成误解。尤其是恋爱中的女人，一定要自重。在没有得到婚姻承诺前，别轻易地付出所有。守身如玉不是对他的惩罚，而是对自己的尊重。没有人会鄙视你的保守，只有人鄙视你的出位。矜持的女人是值得他人尊重的，他只会更加珍惜你。如果你觉得随便脱衣或者轻易上床就能够得到他的爱，那你就是世界上最蠢的女人！因为没有人会珍惜轻易到手的东西。聪明的女人，可以不在乎那层膜，但一定在乎身体、在乎感情，在乎那张证明两人关系的“证”。

你不是透明人，别做一个清澈见底的女人。你应该有自己的城府，自己的神秘，而女人的神秘会刺激男人的征服欲，他将被强烈吸引、神魂颠倒。你的莫名其妙、难以驾驭让他深深迷恋，甚至为你疯狂！所以无论你多么和他“来电”，都不能把自己的一切向他全盘托出。

女人过于开放直露，反倒会让男人觉得索然无味。他们会在心里琢磨：“我还没举枪呢，她就倒下了！”当你的秘密已经不再是秘密，当你变成了透明人，你可能就要失去他了！

这件浅色的和那件深色的，选哪一件才好

想自己创业，是选择 A 项目好呀，还是 B 项目好？

要上班了，甲公司职闲，乙公司禄丰，去哪家公司就职呢？

追自己的两个男人都不错，自己到底喜欢哪一个？

这件浅色的上衣和那件深色的，选择哪一件才好？

……

我们每天都要面对非常多的选择，不管是谁，都是在选择中生活的。选择 A，或者选择 B，往往就在一念之间，而结果却截然不同。从某种意义上说，选择决定命运。

宁哲大学读的是“冷门专业”，因为太“冷”，毕业以后要在本地找对口工作，对她来说是不可能的事。父母娇惯她，舍不得她离家太远，“远离家乡闯天下”的想法一提出就遭到拒绝。她总得有事做吧，只有另谋别路。

宁哲住的小区旁边，是一所大型中学，店铺很多。一天，她和父母闲逛，发现有一间卖文具的店铺要出租，租金听起来很划算。她决定把店租下来。租下来后，一家人商量，是继续原来的文具生意呢，还是选择其他？几天过去，宁哲仍然没有思路，父母都怪她贸然行事。宁哲决定到外地大型学

校考察。在省城一所中学附近，她发现有一家“39 牛仔”店里的生意非常火爆。进去一看，原来这家店只卖牛仔裤，样式繁多，价格整齐划一，全部 39 元。宁哲眼前顿时一亮，因为这家店太了解中学生的审美和消费需求了。

她心意已定，当即做出决定。一个月后，她的“39 牛仔”开张了。正如她想象的那样，店铺一开业，就被爱美的中学生包围。两年后，宁哲扩大经营面积，雇了十来个员工，已经是个像模像样的小老板了。宁哲说：“刚租下店铺时，我也有点冒冷汗，感觉真的有点冒失，可当我走进‘39 牛仔’考察和询问时，心里就已认定——这是我的机会，绝对不能错过！”

成功的女人，就在于她面对风险时，有没有敢于出手的魄力，有没有果断处事的能力，能不能兵来将挡、水来土掩。有时候，真的是“机不可失，时不再来”。做事优柔寡断是咱们女人自身的一大弱点，很多时候成功的机会正是在优柔寡断中流失的。

在感情上也是如此。甲喜欢你，乙也喜欢你，而你弄不清楚自己到底喜欢哪一个。你觉得哪一个都很好，你只担心做出选择之后，会伤害另一个。你摇摆不定，心意难决，瞒了这个瞒那个，到最后却把两个人都伤害，你自己却一无所得，于是悔之晚矣。有许多婚后的女人在抱怨自己不幸福，抱怨负心的男人是如何让自己伤透了心。她为他付出了那么多，而得到的却是背叛，甚至是辱骂和毒打，精神和肉体上受尽了摧残。如果问她有没有想过离开他，得到的回答却是含混不清的。因为她又念着他以前的种种好，她总觉得忍一忍就好了。而事实上，越忍，他越是得寸进尺。要知道，有些事情你必须作出选择。选择 A，就必须放弃 B。有“舍”，才有“得”。你不能做到割舍，结果就会因为错误的选择而付出更大的代价！

俗话说，当断不断，必受其乱。做事当机立断，才会有好的结果，这是女人必须做到的。选择 A 还是 B，坚持还是放弃，往东还是往西，在关键时刻，你一定要斩钉截铁地作出决定，否则必将留下后患，或者坐失良机，在人生道路上留下无尽的遗憾。

内心坚强，脸上却不能冷硬似铁

女人可以不漂亮，但不能不会撒娇。可以做女强人，但不能不懂示弱。女人可以内心坚强，脸上却不能冷硬似铁。如果你一味逞强，最后死得往往很惨。

有一个故事情节，我们在影视剧里看得太多了：当有了第三者的男人执意离开一个女人时，他说："我离开你，你能够好好地活着，可是如果我离开她，她会死。"很多时候，正因为女人的示弱才让男人心存不舍。不会示弱反而成了女人被抛弃的理由。到那时，你再哭有什么用呢，你再梨花带雨也晚了，他早已不再回头。

看过电影《色·戒》的女人相信都记得，片中的大汉奸易先生狡猾无比，防人甚严，女主角王佳芝最终是如何搞定他的？其实也不复杂，只是在搓完麻将后，王佳芝撒娇说："是啊，老是输，就赢过你。"那眼神，那表情，那口气，那种秋波暗送的娇嗔与甜蜜，即使是女人见到也会骨头酥软，何况是个大男人呢！

事实正是如此，你若要长期得到男人的宠爱，一味逞强绝对不可行，一定要学会撒娇和适当的示弱，千百年来，示弱和撒娇正是女人取得事业成功、赢得心上人的绝招！

别说自己不会撒娇，天生不是这块料，你只是不善于运用而已。如果仅仅以这种方式，就能对一些事情的发展起到四两拨千斤的作用，何乐而不为呢？也许你是一个叱咤风云的成功女强人，麾下精兵强将无数。凭着你的强硬可以驰骋商场，但却不一定能安抚家庭。越是成功的女人，越是要在他面前示弱，少一些咄咄逼人，会让男人更放松。

一个女强人回到家，也不能命令自己的男人去洗衣、做饭，去为自己做这做那。因为他是你的男人，不是你的下属。你坐在沙发上，颐指气使地说：“今天你去做饭吧！”想想他心里会是什么味道？如果你抱住他的胳膊，看着他的眼睛说：“亲爱的，今天我累得不行，晚饭你来做，好不好嘛？”相信此时此刻，他胸中的豪迈之情和保护天性马上被激发出来，他会想——我的女人累坏了，这顿饭我来做，我要好好疼下这个女人。

女人学会适当撒娇，也可以为自己在职场上加分。当自己有了一点小小的失误，上司把你叫到屋里，准备批评你，你可以略微发嗲说：“老大，真的对不起。现在这种情况，您看怎么办才好呢？”娇柔却又不过分，这种做法很容易得到原谅，让自己在职场顺风顺水。

不过，撒娇需要一定的技巧。千万不要以为嘟起嘴巴，娇滴滴地说话，再用肩膀撞他几下就可以达到目的。就像不会撒娇的女人不会得到男人疼爱一样，对撒娇火候掌握得不好，同样会引起别人的反感。所以，聪明女人一定要懂得把握其中的分寸。

一、大庭广众之下，不是撒娇的地方

在金马奖颁奖典礼上，著名的撒娇女王林某某，向这个男星要拥抱，让那个男星帮忙拿皮草，凡是看过这段节目的人，肯定会注意到两位男士表情的尴尬。

有些女人在公共场合故意发嗲，让男友抱，让男友亲，让男友喂糖喂水。这类女人，即使长得美若天仙，也会让人倒尽胃口、形象大损。当男人在公众场合与人谈正事，你情不自禁向他撒娇，肯定会让男人感到颜面尽失，哪里还会去宠你爱你呢？

二、与男友或老公以外的男人，撒娇一定不能过分

男人都是占有欲很强的动物，如果你处处撒娇，必定会让他胡思乱想，以为你有意出墙。即使你身正不怕影歪，也难免会给人留下话柄。即使与自己的男友或老公在一起，撒娇也不是无限度的。撒娇无非是让自己得到疼爱，如果对方有所表示，就要适可而止。要知道，只有收放自如的撒娇，才能顺利达到目的。

事实正是如此，撒娇是女人战胜男人的有利武器，具有化腐朽为神奇的效果。试想，哪个男人没有英雄主义情结？他的骨子里有一种怜香惜玉的天性。你越撒娇示弱，他越会感到自己的强大，他的成就感和自豪感就越强，更愿意保护楚楚可怜的你！

女人喜欢胡思乱想，所以才会患得患失

林敏是我的闺中“死党”。大学毕业之后进入当地行政机关工作，是个旱涝保收的公务员。她的工作能力很强，处理事务有条不紊，同事们都很佩服她。以前追求她的人很多，她却总像个懵懂的小女生，心里一点波浪也翻不起来。毕业两年之后，她才对我说，她看上她的小领导了。那个男人我认识，比她大一岁，各方面都很不错，和她很相配。她不停地问我：“行吗？他会不会不爱我啊？我听别人说，以前给他介绍的女朋友条件都很好呢，他全看不上。现在还有个女人一直缠着他，那女人比我漂亮得多。我可不可以啊？”

听完她的话，我就知道她如今深陷情网了。作为过来人，我帮她分析道：“如果有漂亮女人一直在缠他，这说明三个问题：一，有别人喜欢他，说明他值得喜欢；二，一直在缠，说明没缠成功，你的机会大大地有；三，他不一定喜欢漂亮女人。”后来，林敏总算用了个什么方式，把她的心事透露给小领导了。很幸运，这个男人也一直欣赏她。他们正式进入恋爱期。一年后稳稳当当地步入婚姻。本以为林敏得遂心愿，应该没事了吧？她却时不时地又来骚扰我，问：“他连着两天加班没回家。虽然是赶工作，可单位的那个打字员很漂亮啊……说不定哪天他又不爱我了，要离开我，那时我该怎么办？”

怎么办？凉拌！对于如此喜欢胡思乱想、患得患失的女人，我真是无语了，简直气不打一处来。何必那么多烦恼呢，边走边看、见招拆招不好吗？当他爱你的时候，你爱他，他不再爱你的话，你也要学会把热情慢慢降下来，学着不再爱他。虽然对你来说也许很难，可这是你唯一能做的。人生就要洒脱一些，何必整天提心吊胆呢？

有些女人就是这样，因为嫁不了心仪的男子，人生很失落，很沮丧，认为自己没有未来；等她真的嫁给了自己心仪的男子，却又开始患得患失、恐慌不安，担心自己把握不住未来。如果你用一辈子的时间去患得患失，幸福二字又从何谈起？

其实，你根本用不着这么做，你完全有更好的办法。如果哪一天他真的不再爱你了，要离开你，那你应该想到，是你自己出了问题，你的魅力消失了，你已经不能再吸引他了！在很多时候，男人就是女人的镜子，照出了你的缺点，你的劣势，你的不足。这个时候，你与其浪费时间、精力、感情去研究他、分析他、控制他，倒不如把这些时间留给自己，重新认识自己，提升自己，改进自己。

身处爱情之中，你究竟是要享受，还是要忍受？一切就在转念之间。

别总是患得患失，那样你会活得很辛苦，很疲惫，甚至会很痛苦！

女人是不折不扣的感情动物。有的女人，会把“感情”二字背负一生。为了他，全身心地投入；而一旦投入太多，要求的回报就会越多。当看不到对方同等的投入时，就开始怀疑自己的爱情不在了。疑神疑鬼、胡乱猜测，甚至采用过激的方法来处理所臆想的事情，结果只能彻底失去爱、失去他。有句话说得很对，爱情就像沙子，抓得越紧，流失得越快。

女人一定要充满自信。自信的女人永远不会患得患失。你的心态应该是平和的，相信自己的魅力，相信即使离开了你，还会有别人来爱你。你不会歇斯底里，不会失去控制。即使天塌下来，你也要时刻保持微笑，坚信自己能够应对一切。一个聪明的女人，是从容的、优雅的、处变不惊的。这才是女人应该有的活法！

狼狈之前，请保持不卑不亢的冷静

颜倩妮出差回来了，是提前回来的。家里的一切让她牵挂，人在外地，心早已飞回家里了。她加班加点地工作，终于能够早回几天。为了给老公一个惊喜，她没有告诉他自己要回来的消息。一路上她都沉浸于甜蜜的渴望中。如果自己悄悄打开卧室的门，冷不丁地站到睡意惺忪的他面前，他会有什么反应？那是多么让人期待的场面啊！

她真的这么做了，一个人从机场打车回家，拎着大包小包。轻悄悄地开门，进入客厅，侧耳听了听，卧室里没有一丝动静。她有点狡猾地微笑了，她的诡计似乎马上就要得逞。可是，不对，为什么并排放着两双鞋子？男式的一双，是他的，女式的一双，却不是自己的！她的脑海中马上浮现出所有与他和她有关的女性。不，都不是！这个时间，一双陌生女人的鞋子出现在这里，只有一种解释！

谁也不知道，颜倩妮的思想经历了怎样的斗争。几分钟后，她悄悄退出家门，打车又返回了机场。她打电话告诉他，一个小时后自己就到家了，要记得开门，因为她忘记带钥匙了。

当她第二次到家的时候，一切已经非常正常。那双女鞋早已不见了。她不用检查别的地方，一点蛛丝马迹也不会有的。

你只需想一想，如果这个女人怒气冲天地冲进卧室，看到另一个女人取代了自己的位置，盖了自己的被子，枕了自己的枕头，搂了自己的男人，甚至还可能穿了自己的睡衣，她怎么能够忍受得了？一场厮打与谩骂必不可避免，这样的场面，该是如何的狼狈？你想，这个女人，是以什么样的冷静，什么样的克制，把一场不堪入目的狼狈场面化解，最终把面子给足了他们，也成全了自己的素质和优雅。

人总会遇到出其不意的变故。突如其来的状况，往往会让女人的大脑刹那间一片空白，从而导致情绪失控。由于没有时间作全面考虑，一时的冲动，就会导致尴尬狼狈的状况发生。相对于男人来说，女人更容易偏激，更容易把事态扩大。

比如，你在菜市场，因为怀疑商贩的缺斤短两，与她有些争论。谁知那个商贩脾气火暴，说一些“吃不起就不要买”“看着人模狗样的，却是个抠钱的主儿”之类的话，你会怎么做呢？是与她一声接一声地对骂吗？即使你抓起一把菜丢到她的脸上，又能有什么好结果？最后无非是变成了街头泼妇，让路人围观，看了笑话。其实，你只要沉默几分钟，压制内心升起的怒气，静静地看她暴跳如雷的表演，然后说：“我也用不着和你争吵，缺不缺斤两，我们去那边公平秤上称一下就知道。”没有人会因为你不与人掐架而轻视你，反而会赞赏你沉着冷静的风度。

事实正是如此，在狼狈发生之前，你不能推波助澜、横冲直撞，你只需冷静就好。

在狼狈面前，让自己快速冷静下来，给自己足够的时间，全面思考问题的解决方法。同时，你的冷静会给对手一种心理暗示，让他知道你已成竹在胸，迫于心理压力，他也许会不战自退，狼狈的场面自然消除。

冷静并不是惧怕，也不是退缩。聪明优秀的女人，一定要懂得以静制动、四两拨千斤的道理。有时，只需冷静，就能给对手无形的压力。没有男人会害怕女人真刀真枪的战斗，但所有男人都会败给女人不亢不卑的冷静。

懂得保持冷静的女人会珍爱自己，让自己免受伤害。全心全意爱着的男人，突然做了让自己难以忍受的事，你没有必要如别人想象的那样制造一场混乱来使自己狼狈，你的优雅令你维持最后的尊严。有时，自己的父母兄弟或朋友误会自己，误会总有解除的那一刻，再说他们毕竟是你的亲人与朋友，何必激动地去推波助澜，让大家都处于尴尬之中呢？优雅的女人更不会与陌生人发生直接冲突，吵闹与谩骂不会解决任何问题。要知道，清者自清，浊者自浊，一切自有公论。你脸红脖赤、撕扯打闹只能被人当作笑料，何苦呢？

冷静，是保护女人的武器，既可进而攻，又能退而防。聪明的女人要想活得优雅高贵，就要有能力避免狼狈局面的发生，绝招就是——在狼狈之前，保持冷静！

第十章

如何入世随俗——浪漫不能当饭吃，我们终究要回到世俗中来

世俗一点，你的命运就会跟着好一点

老人们常说，这个世界少了柴米油盐酱醋茶，十成十的没法转了。没有办法，物质是精神的支撑，饿得死去活来的时候，谁还有力气去想爱情呢？如果你还有力气，那么，就两个人一起饿着好了，就这么简单。

你见过削皮后的苹果吧？看起来甜美可口，但如果你不赶紧吃掉它，它就会被时间所腐蚀，最后氧化、干瘪，直接进入垃圾箱，没有人会再多看它一眼，谁也不会惦记着它曾经的光鲜与亮丽。爱情和现实的关系也大抵如此。爱情就如同削皮后的苹果，如果没有细心的呵护，最终的结果，就是被现实所腐蚀。

女人们，你以为爱情是用什么来呵护的？一天一句我爱你倒没事，张嘴说就好，也就浪费点口水；一天一把玫瑰花，“这一把”可就值得探索一下了——据说3朵代表山盟海誓，也算“一把”，每天送得起的男人还是大把，只不过送多久的问题。999朵，也是一大把，俘虏女人的心可就容易多了，关键是每天999朵，你的另一半送得起吗？

别说你不爱玫瑰，玫瑰只是一个比方。现实的爱情里面有50%是等同于物质的，因为玫瑰是用钱买来的，爱情也是需要点罗曼蒂克的陪衬。一天一把狗尾巴草，你要吗？

青阳是一个家境不错的女人，像她这样的富家女，多半父母不是安排很好的工作，就是弄个出国镀金留学什么的。但她偏偏不愿按照父母的意愿走，到了结婚年龄，父母安排青阳相亲，青阳也不。她爱上一个社会青年，既没正式工作，也没一技之长，家境更是一贫如洗。他每天除了跟一帮所谓的“兄弟”混吃混喝之外，没别的事情可干，而且也不想干。

青阳认识他的时候，就像香港电影一样戏剧性。她被小混混调戏，而他救了青阳。青阳就倾心不已，不惜为他跟家庭决裂。青阳跟着他，吃了很多苦头，吃了上顿没下顿，甚至青阳怀了孕，却没钱去做人流。在这种情况下，他还是不去想办法，最后青阳只好放下面子偷偷回家找妈妈要。后来日子久了，青阳再也受不了这个苦，她想念自己温暖的家，可口的饭菜，她受不了这样朝不保夕、东躲西藏的日子。她终于离开了这个男人，回到家里，最后找了个父母为她选的男人嫁了。

的确，青阳是爱这个男人的，可却敌不过现实。所有的爱情，都是必须踩在现实的基础上的，悬空倒挂着的爱情，最终总会跌得粉身碎骨、头破血流的。这是残酷现实给大多女人上的一堂课，这堂课是如此深刻，让女人顿悟、猛醒和自我反省。

以前读过一句话，是这么说的：“爱情能超越生死，可是超越不了现实。”这句话真是有道理。太多的人，能在生死面前，不低下高贵的头颅，却在现实中做不到一直勇敢。现代社会，节奏太快太现实，琐碎得能把男人气吞山河的豪迈磨成圆石头，浪漫的爱情已经成为绝响，作为现代人的我们，又该何去何从？

关于浪漫的爱情，汉代乐府民歌《上邪》中如此写道：“上邪（yé）！我欲与君相知，长命无绝衰。山无陵，江水为竭，冬雷震震，夏雨雪，天地合，乃敢与君绝！”翻译成白话，意思是这样的——

上天呀！我想与你相知，
爱意天长地久永不褪减。
除非巍巍山峰没有棱角，
除非滔滔江水干涸枯竭。
除非凛凛寒冬雷声翻滚，
除非炎炎酷暑白雪纷飞，
除非天地相合世界末日，
我才敢与你分手和断绝！

爱，一直爱到海枯石烂、天崩地裂，乾坤错乱、世界末日！这样的爱情之所以令人神往，就是因为在现实世界根本不存在。如果时光可以倒流，你想追求不食人间烟火的爱情的话，那么，去找机器猫里的小叮当，借个时光穿梭机，倒退回古代吧！不过我相信，即使你到了古代，同样找不到这样的爱情，因为这一切大都在人们的想象和虚构中。

所以，女人一定要现实点，别总是抱着言情小说、泡沫言情剧不放，做着永远醒不过来的白日梦。自以为睡在爱情的床上，其实早被第三者——现实，一脚踢下了床。聪明的女人，是一定得学会在爱情和现实之间左右逢源的，是要学会与这个残酷的现实肉搏战的！你只有战胜了现实，获得了人生的自由，才有资格奢谈浪漫、诗和远方。

再有情调的爱恋最终都会落入柴米油盐与尘埃之中

大冷天跑到海边看星星，每天一朵玫瑰花，在街头不顾一切地热烈拥吻，情人节浪漫的烛光晚餐，生日那天你至爱的巨大无比的小熊维尼……恋爱时，所有能想到不能想到的浪漫方式全被一一试个遍，连写剧本的都叹莫能及，现代人的恋爱方式，实在是超乎想象。

然而，恋爱久了呢，捏着那一纸证书开始走进围城了呢？女人们开始失魂落魄、苦苦懊恼、遍地寻找：我的浪漫男人哪儿去了？

不是我提醒你，浪漫的确是一袭美丽的晚礼服，可你不能一天到晚都穿着它啊！再有情调的爱恋最终都会落入柴米油盐与尘埃之中，你可以把装油的瓶子擦得光亮如新，将盛醋的杯子置办得艺术而优雅，但你不能奢望所有的浪漫都还像最初那样缠缠绵绵。毕竟我们的生活不是电视剧，不能不知疲惫地琢磨着浪漫招数。

女人可以浪漫，因为浪漫能使生活变得更富有情调，可如果太浪漫的话，就如同奶油吃多了一样会腻，会影响正常生活了。据说有个婚礼花费近1500万，嘉宾不是当地名流，就是著名企业家。这样的婚礼的确够排场、够浪漫，可结婚之后呢？难道可以继续延续这种浪漫吗？即使可以，又能延续多久呢？

如果抱有这种幻想，你的后半生恐怕只能在失落中度过了。如果你想让爱情永远保鲜，就要永远觉得意犹未尽，若有若无的浪漫，若有若无的甜，这样才不会觉得腻。真心并不需要天天黏在一起，你什么时候听到热恋中的男人对女人说过“腻了”？他们幸福得笑都来不及，哪里会腻呢！究其本质，我们需要的是安稳以及一个能交换真心、相濡以沫的人。

许多女人结婚的时候开心得不得了，认为自己是天底下最幸福的女人，把婚姻想象得极端完美，崇尚着演绎一场比《最浪漫的事》还要完美的生活。而婚后的琐事和磨擦却把人折磨得筋疲力尽，以前没见到的冲突现在都冒出来了，生活开始沦为一地鸡毛，无处落脚。

有过婚姻经历的人都知道，浪漫不能当饭吃，婚后的生活不再像恋爱那样狂热，更多的是要面对现实生活的枯燥和无聊，女人开始围着锅碗瓢盆转，而男人则更多忙自己的事业。彼此间都忙着自己的事，难免会因为疏忽而忘了给对方一些关心。而女人如果还像恋爱时要求男人浪漫，那婚姻势必会大打折扣。

平淡的生活是每个人都无法避免的，婚姻生活要想长久和谐，只靠热烈的爱情是远远不够的，爱情的最终归宿是亲情，是彼此间要负的责任和义务，而不是烛光里的激情浪漫。当然，只有责任和义务会活得太累，还需要你用心去经营，偶尔穿一穿浪漫这袭“美丽的晚礼服”，给平淡的生活以刺激，这样才能白头到老，演绎最浪漫的故事。

不管你如何追求浪漫情调，但这种浪漫终究要回到现实中来。这么说，并不是排斥追求浪漫时尚的生活，而是我们要有智慧面对琐碎的生活，让它变得更丰富更真实更有内涵，而不是一味地追求空洞无物、华而不实的浪漫。作为女人，你要面对现实的生活，懂得把握游刃有余的生活技巧，让自己的一生顺风顺水。这才是你最重要的功课。

女人的双脚要勤跑，双手却要保养好

像个侍女一样，天天把双手泡在污水里，虽然能把家照顾得很好，把家安排得很好，可是，这种日复一日无偿劳动的生活，有什么趣味可言?

我的朋友小玲，婚后就做了居家小女人，可她绝对不是家庭“煮”妇。有一回去她家里做客，同去的还有五六个人，人不少，可是时近中午，却不见她下厨房。大家都猜想，她是不是慷慨一把，要带我们去楼下的饭庄“放血”。然而，她却打开冰箱，从中取出了各类菜式的成品、半成品，鲜菜也都是净菜，拆开就可以直接下锅。

小玲穿上围裙，没过几分钟就从厨房端出一盘又一盘，全都热气腾腾，浓香扑鼻，我们纷纷竖起拇指夸赞她。我去过她家不少次，总能看到她脚穿着有拖地功能的拖鞋，在客厅里走来走去，十分可爱。有时，她坐在沙发上，拿着新式洗衣机的说明书在仔细研究，丝质衣物用哪档，棉质衣物用哪档，麻质衣物用哪档，腈纶衣物用哪档，她研究得非常透彻。她总是说，要把别人洗衣的时间，都用在护肤健身上。

身为居家小女人，小玲视野却很开阔。她才不会天天窝在家里，而是积极参加各类活动，每年都要出去旅游，有时她还是组织者。眼界开阔了，懂得的事也多，对一些问题也都有自己独特的看法，不管是谁，都不敢轻视她。甚至有一回，小玲和闺密到东北旅游，还为老公瞅准了一个项目，老公及时北上考察，抓住了商机，稳稳赚了一把。她的眼光，让她老公也很佩服，对她刮目相看。小玲开玩笑说，这笔钱是她挣的，如今花起来气势得很呢。

哪个家庭主妇不羡慕小玲呢？她把居家生活完全变成了自己的享受。

女人不可以让自己的双手变得粗糙，即使是普通的家庭生活，你也能过得有品位，有格调。别认为自己努力照顾家庭，事事亲力亲为，做得天衣无缝，就能够感动他，得到他的喜爱。你在家里忙得满脸油汗，衣冠不整，发髻散乱，他可能更对你不屑一顾。他会认为你不够灵活，不会用脑，只能出蛮力，傻干活。你为了照顾家庭照顾他红颜不再，这反倒会成为他抛弃你的理由。女人如何理家，是一种智慧。智慧的女人总是懂得巧妙打理，把居家生活过得味道十足，却又悠闲自在。

别做一个狭隘的家庭主妇，把双脚困在小圈子里。女人也要有广阔的视野，灵活的头脑。很多人甚至都不愿意和一个没有思想、没有见解的女人聊天，而宁可和一个持不同观点的女人去争论。常有些女人发牢骚，自己一心理家，牺牲了自己的兴趣爱好，舍弃了自己的事业，他竟然还要和自己离婚！其实，并不是男人负心，而是你自己自愿充当了“保姆”角色，把自己囿于家中，就像生活在桃花源中，浑然不知魏晋，渐渐两人的差距就拉开，再也无法交流沟通了。

机械单调打发日子的女人，只会越来越无趣。居家女人的双脚要勤快，要走得出去，看看外面的大千世界，芸芸众生，开开眼界，长长见识，把自己放到大自然中去熏陶。眼界开阔了，心胸也会开阔，不会再目光短浅、斤斤计较，个人的素养也会有所提升。多与外界交流沟通，会跟得上时代步伐，也能保证自己不被时代遗弃，时时都能做一个新潮女人。

一个聪明的女人，从来不会天天“围着锅台转、围着老公转、围着孩子转”，她要有自己的生活。让那些老思想、老观念、顽固不化、不知进取的“三转”女人羡慕去吧，你要永远拥有公主的手，让自己高贵优雅，你也要拥有侍女的脚，别让它驻足不前，要让它带着你，走向丰富多彩的大千世界，直奔幸福而去！

不是教你诈——做一个有心计的“俗”女人

人都是在时光中成长、成熟的，女人也不例外，每个女人都身不由己地从青涩中蜕变。经历过各种坎坷之后，每个女人都不得不懂点心计。我们有时候大呼：多想做个没心计的单纯女子啊！率性而为，不必察言观色，想怎样就怎样，多省心！

如果你只有 14 岁、16 岁、18 岁，当然可以这样，大不了得罪同学，五分钟后再笑嘻嘻搂着人家亲亲热热，没人好意思再和你计较。可是，任由我们哭着喊着不肯长大，藏着掖着不告诉人家真实年龄，还是一天天从女孩变成女人，再往后几年，还会被得罪过的人恶毒地唤为“那个老女人”，你依然可以“没心没肺”没有心计吗？

女人的心计来自一次次的痛，痛过之后，必不愿再痛，只好想办法绕道而行。事实就是如此，一旦过了 20 岁，女人就应该让自己现实起来，变得有心计起来。你需要睁开眼睛看看这个世俗的世界。红尘滚滚，每个人都无法逃脱世俗的打磨，我们要学会在这个琐碎的世俗世界里把握真切的幸福，积攒细小的欢乐！

“庸俗”——没有哪个女人希望被这个词形容。但不得不承认，当面对金钱、名誉和人气等一系列“庸俗”的词汇时，我们虽然在嘴上加以否定，但在内心里是却十分渴望拥有。这就是人性，这就是事实。我们必须正视自己的内心，不得不承认自己其实也很庸俗。

随着时间流逝，你渐渐褪去豆蔻年华的羞涩和天真。在人生的舞台上，你不再是排练节目，而是正式为自己和别人表演了！这些现实的矛盾和困惑，正是你如何选择自己未来的交叉口。如果你在这些“庸俗”的矛盾之中，选择了一条不让自己后悔的路，那么你就是一个“庸俗的智者”。只有运用这些“庸俗的智慧”，才能为自己选择一条符合现实而又正确的道路，从此才不会为庸俗而琐屑的日常生活而烦恼。也正是因为这些“庸俗的智慧”，你才可以坦然面对朋友之间的小矛盾、上司的小批评以及同事们的小伎俩。

米朵发现老公身边多了一个喜欢他的女人，老公粗心，还没往心里去。米朵不敢直接问，怕男人的虚荣让他把注意力更多地投向那个女人。于是，米朵只得放低身段和这个女人做朋友，旁敲侧击让她知难而退。在米朵各种心计和策略之下，这个女人终于知难而退，米朵长吁一口气，悄悄问自己——使这么多心计，这样的爱，还纯粹吗？

不纯粹又有什么办法？天下哪有水晶般透明的爱？天下又哪有从不使心计的人？谁的爱里不掺着人间烟火，不沾上人情世故？爱情制造出恋人这种关系，爱情却不能解决两性之间出现的所有问题，于是我们只好搬出庸俗的交际法则来解决。

这就是成长，可贵也可悲，但这就是现实。不过，值得注意的是，做一个有心机的“庸俗”之人，不是让我们去邪恶地算计别人，而只是用“俗人”的办法解决庸俗的事情。记住，我们内心里要始终保持真诚，真诚才是生命的底色，唯有如此，我们才能过得轻松和安稳。

人世俗，心不能俗——高贵气质胜过空洞的漂亮

漂亮的女人，是不是就是最具吸引力的女人？答案是否定的。

阿茶现在是十足的怨妇了，到处诉说自己的委屈。她泪眼婆娑，但这挡不住她姣好的面容。想当年，她就是凭着自己的姿色，才嫁给了阿中。谁知道，阿中只宠了她两年，就移情别恋，喜欢上别的女人了。那个女人她见过，不说别的，长相就比她差得远。她怎么也不明白，那个比她丑得多的女人，是怎么不动声色地抢走了她的阿中？

至于阿茶为什么会败给那个第三者，凡是认识她们两个的人，都能看得出来。阿茶虽然长得漂亮，但文化底子浅，遇事没主见，与人聊天话题非常狭窄。除了吃穿玩，就是张家长李家短，与她相处越久，就会从心底产生厌烦。而她的那位情敌，则是某音乐学院毕业的，学的又是古典音乐，因为长期的熏陶，浑身散发出古典美女的气质，给人的感觉是又高贵又典雅，怎么能不吸引阿中的目光呢？阿茶的美貌，原来输给了对方的气质！

漂亮的女人是天生的，也是可以人工制造的。随着科技的发展，整容技术及美颜拍照可以让很多人的相貌得到美化，但即使美化得再漂亮，那也只是表层的东西。一个女人的内涵、修养、脾性，永远不会因为手术刀而有所改变。一个高贵的女人，她的气质是由内而外的，经过长久的酝酿，就像一坛酒，时间越久就越发散迷人的浓香，让人闻香而醉。

漂亮女人不一定是美丽女人，而气质高贵的女人，则一定是美丽迷人的女人。漂亮女人让人欣赏，而气质女人则让人亲近。漂亮女人让人产生占有欲，而气质女人则让人爱慕终生。

如果女人像一台电脑，美貌就是硬件，气质就是软件，电脑一旦制造出来，硬件是确定的，后天的改进很少，而软件却可以不断更新、不断添加，使得电脑的功能越来越强大！

女人如何才能培养自己的气质呢？阅读可以提升你的内涵和修养。阅读能够开阔视野，涵养智慧，让你重新审视自己。你可以为自己的眼睛化妆，用彩粉擦亮眼睑，但擦亮不了你的眼神。漂亮的大眼睛，如果空洞无物，就不会闪烁出迷人的神采。

此外，你要多听音乐，在旋律中滋润身心。在生活中，音乐就像呼吸一样不可或缺。陶醉在音乐中，有气质的女人总会莞尔一笑。她们想起儿时吃过的水泡饭——现在已经不会再用它来充饥了，但却要用音乐来“充饥”。她知道如何加强自己的精神营养。

任何人的生活都不是十全十美的，烦恼、焦虑、失望……总是悄无声息地从潘多拉魔盒里跑出来，伺机侵占我们惬意的心。凡尘中的你，是不是被搅得焦头烂额了呢？而有气质的女人则会把它们尘封，待到心平气和、神智清明时再杀一个漂亮的回马枪。“诗意地生活”是她恪守的准则。所以，她的人生总是兴致盎然。

但是，她们可不是不食人间烟火的仙女，打理起生活来秩序井然，又别有情趣。如果时间允许，她们会在厨房做一顿丰盛的晚餐。一边听着花腔女高音的歌剧唱段，一边在厨房煎炒烹炸。细心品味的不只是菜肴，还有心情——做饭不再是件枯燥的事情。

如此有气质、有品位的女人，一旦被男人爱上就会获得真正的幸福。因为她们让男人爱上的不是她的皮囊，而是她的内涵；爱上的不是她的年轻貌美，而是她的心。

给聪明女人的静心课——每天给孤独留出十分钟

每天早上，在闹铃中睁开双眼，从床上翻身起来，穿衣、洗漱、整妆，做这些事好繁琐，连从冰箱里拿一瓶奶的时间都没有，更别说为自己煎个鸡蛋了！急匆匆赶着去上班，有时车堵了，红灯多了，心在怦怦跳，恐怕这回又迟到了吧？没迟到，太好了！太好了吗？办公桌上早就有数不清的工作清单在等着自己了！

很多职业女性就是这样生活在忙忙碌碌中。没有办法，这就是现实。你只能这么奔波。单身的时候还好一些，结婚以后呢？一听就吓死人，要照顾老公，还要照顾孩子，还有那永远干不完的家务，办公室里堆积成山的工作……作为女人，应该怎么办？

江莲和老公是一对无奈的周末夫妻，他们工作的地方相距太远，每天回家，几乎累死人。江莲在一家外企工作，被人称为白领。外人都认为她很幸福很快乐，可又有谁知道她的压力？她天天都处在精神高度紧张中——小心翼翼地做着自己的工作，战战兢兢地处理各种关系。这么一紧张，就是整整一周。周末回到家，原以为可以彻底放松，然而事实并非如此。她往往是钻进屋里，放上一段伤感的曲子，或者看一个悲剧的电影，跟着音乐或剧情，扑在床上，放声大哭一场。她的老公一开始笑骂她“吃饱了撑的”，认为这是她情绪发泄的一种方式，哭完了，就没事了。其实不然，她脾气变得越来越坏，动不动就紧张，一紧张就抱着一个大水杯不停地喝水。最后她老公只好带她去看心理医生。医生说，江莲属于抑郁症前期，精神需要慢慢放松，不用别的，只要每天抽出十分钟静坐冥想。

一开始，江莲坐不下来，即使坐下来，也静不下来。然而时间长了，她真能做到了。她说：“我有时脑子里什么也不想，空无一物，什么工作啊压力啊都好像不再存在。有时，脑海里却是蓝天白云，秀丽山川，滚滚江河。奇怪啊，就像是脱离了尘世一般，内心自然就静下来了。”江莲的状况慢慢得到改善，又成为精明干练的“白骨精”，周末回到家，和老公一起整理房间，洗衣做饭，气质优雅，女人味十足。

如今，生活节奏急剧加快，浮躁、紧张、急功近利、精神空虚成为众多人的心理状态。相比而言，女人比男人更容易陷入这种紧张之中难以自拔。在这种情况下，每天抽出十分钟来静坐冥想，让内心远离尘世的喧嚣，得到片刻的宁静和孤独，同时在孤独中可以反思自己，调节自我状态。整个过程就像电脑清理垃圾，用杀毒软件杀毒一般。

生容易，活容易，生活不容易。我们每个人都在奔波忙碌，为自己，为他人，为名，为利，为家庭，为事业，奔走不停，来去匆匆，忍不住牢骚抱怨。我们不禁发问——生活何以如此喧嚣？你应该明白，归根到底，是你受了生活的胁迫而变得忙碌和浮躁。这是你内心难以自控的嘈杂，而并非是生活本身的喧嚣。

想不通、想不透的事，就暂且不去想吧！让自己存在于空灵的寂静里。有一些思绪，就任由它在头脑中漂浮，此时此刻我们只要这简单的平静。平静，才是人生的最高境界。

在孤独中自我反省，总结人生的得失。回望一下自己的过去，审视一下自己的内心。过去我们究竟想做什么，又做过了什么？自己内心的渴望是什么，我们又为实现理想付出过什么？接下来，我要做的是什么？平静地思考着，从而让自己的生活不再盲目。

静心的方法，当然不止是静坐。品一杯茶，听一首曲，排除杂念，只为静心。清茶芬芳，乐曲悠扬，世界也便安静了许多。那些烦恼，那些幽怨，从此都淡若烟云。

不要信奉“生活在别处”这句话

很多人喜欢说“生活在别处”这句话，不知让多少人热血沸腾，让多少人对于“别处”心存迷恋与向往？可是，究竟有谁能够真正生活在别处？到最后，不过是精神与肉体饱受折磨而已。更有一些人，为了一些缥缈的虚无，断送了到手的幸福。

女人更是如此，几乎每个女人都在梦想着自己的幸福。她们的心无时无刻不在别处漫游，她们在幻想中得到了一切，而实际生活中，又有多少人真正得到了想要的幸福？

其实，很多女人并不是不能得到幸福，而是她根本不知道自己想要的幸福是什么。当幸福降临她的面前，她却错失机会，没有牵住幸福的手。

小烛曾经是个快乐的女人，无忧无虑地生活着，直到遇到她心目中的白马王子王磊。爱情是热烈的、疯狂的，小烛为了爱情，付出了很多。只是，再深的爱也斗不过现实。王磊的父母逼着他出国留学，并且要他学成以后定居国外。他们觉得国外更有利于儿子的发展。小烛是家中独女，自己没有资格跟着出国。相爱至深的两个年轻人，就这样落得个孔雀东南飞。小烛一下子跌落到痛苦的深渊。别人都以为，小烛是个年轻人，会想得开，重新开始一次恋爱，就会把过去忘掉。可是，他们都错了。小烛对曾经的爱情念念不忘，她无法忘记男友王磊。许多男人对她示爱，但即使再好，也无法让她动情。因为她的心不在现实中，只存在于不可触摸的“别处”。只有短短一年时间，小烛就形容憔悴、精神颓废。她的父母心痛不已，见到亲朋好友，一提起小烛，就会老泪纵横。

作为女人，大都能理解小烛的痛苦。毕竟失恋的滋味，很多人都尝过。理解归理解，但这种活在回忆中的做法却不可取，因为疏忽了眼前父母的关爱、亲朋的关怀以及爱慕者的追求。我们不该活在过去，过去的毕竟已成过往，不要只记得往日留给自己的伤痛。

更有不少女人，她们偏偏喜欢活在未来。年轻女人总是浪漫爱幻想，这无可厚非。一个有远大目标的女人，总喜欢规划人生，这是一种积极的人生态度。可是，如果总是用未来不确定的方式来安排当下的生活，以至于天天生活在幻想中不能自拔，甚至用幻想代替现实中的努力奋斗，那么最终你的远大理想只能成为泡影。

阿俚是一个很有抱负的女人。她的梦想是——未来拥有自己的服装设计公司，成为世界级的服装设计师。然而，她大学毕业后，却连一家对口的接收单位都找不到，只好随便进了一家招标公司，做个打杂的前台。像她这种情况，同事中也有，别人都一边工作，一边继续充电，以便在合适的机会寻找更适合自己的工作。可阿俚却不，她认为自己将来是世界级的服装设计师，怎么可能和普通小职员一样去劳累呢？于是对工作只是应付，在生活中也很随意，泡酒吧、进迪厅、玩游戏，不思进取，几乎天天如此。几年以后，她的一些同事和同学，有的升职提拔了，有的经商发达了，而她却还在这个小公司里混日子，时不时地还受到上司明里暗里的批评。她的梦想呢？真的就只能永远是个梦了。

有的女人只是眼红别人的幸福，却不肯在现实中努力争取。她们只是在白日梦中麻醉自己，体验不到任何真实的快乐。即使早已成为人妇，她们还总是去怀想离去的那个人，期待未来的某个梦。她总是迷茫地追问，到底谁才是我的 Mr Right，却不知道，在她身边陪伴她的那个人正是她需要用心栽培的“幸福大树”。

与其四处寻找幸福，不如安下心来经营幸福。失去的，你再也寻不回来；未来的，又难以预料。对你来说，唯一可以把握的就是活在当下、把握现在，先让今天的阳光照在自己头顶，别去想昨天的阴云密布，更别管明天是不是烈日炎炎。

清代名臣曾国藩说：“物来顺应，过往不恋，当下不杂，未来不迎。”活在当下是最好的生活态度，千万别让“生活在别处”这句话害了你。的确，过去是惆怅或者美好，未来是炫目或者无望，都不是自己生活中的实际内容。过去是用来回忆的，未来是用来幻想的，而现实才是需要你精心经营的。你只有握住了当下，才可能真正握住幸福！

第十一章

如何内心强大——女人也能顶起半边天

世界上不只有美丽或丑恶

有个小女孩走进花园，发现了一丛玫瑰花。“呀，这花真漂亮！这是我见过的最漂亮的花！”她站在花前欣赏，口里啧啧赞叹。可是，玫瑰花丛旁边的另一个小女孩，她却在嘤嘤哭泣。她举起一根滴血的手指，说：“我讨厌玫瑰花，它把我弄伤了！它是最丑陋的花！”

玫瑰花很美，但刺却很残忍。有刺的玫瑰是最客观的存在，就像我们生存的这个世界，是由一系列的美好和丑恶组成，美中有丑，丑中有美，美和丑，不是绝对孤立的。这是我们大家都懂的道理。可有些女人总是片面地去看遇到的一切，从而在认知上出现偏差。

小宁在公司里是个人人喜欢的女人。她活泼开朗、乐于助人，工作也做得有条不紊，十分出色。可在两年前，她却是个有严重心理问题的女人。

两年前，她刚参加工作时，常常莫名地对公司、对同事怀有敌意，在任何时候她都不肯主动配合，而是消极应付。她总觉得别人在搞阴谋，在想方设法整她、陷害她。她时时处于一种严密防范的状态，根本不能把心思放到工作中去，以致工作频频失误。公司只好发出警告，如果再这样下去，小宁将被辞退。在这种情况下，她的妈妈带她去看了心理医生。

原来在小宁十七岁那年，在一家公司做副总的爸爸因为一笔货款的丢失突然锒铛入狱。她认定爸爸是被冤枉的，被法院错判了。她曾和妈妈多次去申诉，都被驳回。她心想，法院的审判不公，不花钱根本办不成事。可是，她和妈妈哪里有钱啊。自从爸爸入狱以后，以前那些经常巴结她们家的人，都冷落了她们，对她们冷眼相看。小宁从此开始恨法官、恨势利的人，慢慢变成恨所有的人。

在医生建议下，小宁慢慢调整了自己。两年后，她终于做回了自己，找到了属于自己的欢乐。她说："以前我把世界看得太丑恶，甚至有逃离人世的想法。后来我才渐渐发现，原来我身边还有这么多的美好，并没有我想象得那么肮脏。这些美好，让我感到非常幸福！"

现实中，像小宁这样极端的女人不少。女人总是很感性，因为遇到了挫折，遇到了不幸，就认为天下昏黑，"伸手不见五指"，从而产生偏激的想法。其实很多时候，根本不是别人不友好，不是别人敌视你，而是你在敌视别人。这类思想偏激的女人，没有什么幸福可言。想想看，一个经常满怀敌意的女人，怎么能得到别人的认可和欣赏呢？

还有些女人涉世不深，没有见过世面，没有摔过跟头。她总会轻易相信别人，认为眼见为实，看见一个貌似忠厚的人，觉得就是实在；一个文质彬彬的人，她觉得是好人，一个人对她异乎寻常地处处关心，她便认为是真的对她好。根本意识不到这种所谓的"关心"后面潜藏的危险。她事事不做警惕，对人没有防范之心，等后果出现时，悔之晚矣！有一些被骗的女人在接受采访时还不相信，"没想到，我觉得他是在帮我，他怎么会骗我呢？"君不见，电视上那些被拐卖的女人，多么相信她那操着一口乡音、面貌敦厚的同乡啊！她觉得他诚心实意地帮自己找工作。结果却是，她连同自己美好的愿望一起被强暴、被凌辱！

我们所面对的世界，不是单纯的冷色或者暖色，而是适度的冷暖调和。也许，有时冷一些，有时暖一些，但冷冷暖暖之后，会更加和谐。你可能遇到丑恶，也可能遇到美好，让我们心存美好的向往，同时严密防范丑恶，相信你就会内心强大而睿智，从而俘获幸福。

女人不是男人的附庸，更不是男人的跟屁虫

林秋突然发现，自己的生活变得一团糟了。

她是一名公务员，负责一摊不大不小的事。朝九晚五上班，周末休息两天。五天里，她有条不紊地处理事务，周末有空，就和朋友们聚一聚，倒也其乐融融。可是，现在却不行了。她每天早上不能再睡到八点，因为老公要早起，她必须为其准备早点。老公的小公司里事情非常多，她上班期间经常会接到他的电话，要她帮忙办一些事，让她不能安心工作。下了班必须马上回家，不能在外面逗留，她哪里还有空和朋友相聚啊！周末已经全然不属于自己了。她精通会计，因为男人不想花钱外聘会计，她暗地里充当“会计员”。有一回，老公和她商量，问她可不可以停薪留职，因为他的小公司要加大投资，往大里发展，极缺人手。

老公！都是老公！为什么他出现了，她的一切都为之改变了呢？她自己的生活，她自己的旋律，为什么因为他的介入而完全变调了呢？林秋彻底陷入迷茫之中。

要怎么做，才能继续她的生活？我不想马上为林秋支招。我只想问一问，你考虑没考虑过这个问题：你嫁给了他，这不假，可你嫁给他的，到底

是什么？

其实，你不过是把自己的“人”嫁给他而已。你的思想，你的行动，依然是你自己的。你大可不必为了他而失去自我，把自己有节奏的生活搞的支离破碎。你不用所有的一切都要随他而动。他上，你便跟着上；他下，你便跟着下——这只是牵线木偶而已！

相信没有女人不知道著名主持人杨澜吧？杨澜的美，是扬眉吐气的那种，喜眉笑眼，宜静宜动。她嫁给中国富豪吴征之前，自己的事业就已经有声有色：1990年成为《正大综艺》主持人，1994年获得中国首届主持人“金话筒奖”……1995年，她嫁给吴征。当时，吴征的头衔是：香港亚洲电视运营总裁、博纳投资咨询公司主席。如此钻石王老五，足以让杨澜锦衣玉食，在家做一个全职太太。可是她却没有“大树底下好乘凉”。

虽然丈夫很成功，但她没有停止自己的脚步，依然有自己的节奏。她出席了联合国世界媒体圆桌会议；她当选为哥伦比亚大学国际关系学院最年轻的董事；她加盟凤凰卫视中文台，推出访谈节目《杨澜工作室》；她创办阳光卫视；她出任北京申办2008年奥运会形象大使；她主持《杨澜视线》《杨澜访谈录》《天下女人》等节目……还用再一一列举吗？杨澜，就是这样在自己的节奏中，忙碌着，快乐着。

诚然，没有几个女人能如杨澜一样成功。可是，你完全可以像她一样把握自己的命运，把自己打造成一个幸福快乐的女人。在这个世界上，一个能牢牢把握自己命运的女人，一定是在各方面都可以独立的女人！

也许你嫁了一个很有钱的老公，但那些钱不是你的。不要羡慕笼中雀，你不能以牺牲自己的自由和安全感来换取生活来源。你要保证，离开他的钱，你一样可以养活自己，并且能够过得很好。这同样是你不可侵犯的尊严。如果你完全依附于他，什么样的生日礼物才能让他感动呢？无论送什么，他可能都会这么说：“反正都是我的钱，你送和我自己买有什么区别？”听到这样的回答，你的幸福感何在？

几乎所有我认识的幸福女人，都有自己的交际圈。她的交际圈是绝对独立于老公的圈子之外的。这非常好。你的交往范围，一定不要和他重合。这是你的自由，你有权力选择自己的交往对象。记得女性主义作家伍尔芙说：“女人要有自己的一间屋子。”你的屋子里，出入的是你自己的朋友，不能被他的影子充满。

女人不是男人的附庸，不是男人的跟屁虫。你是他的，但更是自己的。你可以跟他走，但不能没有自己的步伐。你可以与他共同打拼，但不能丧失自己的自由，迷失在他的世界里。你要做一个自尊自立的女人。只要你能做到，就不会缺少爱情和幸福！

女人渴望改变男人，可男人往往不会改变

我的一个朋友刚结婚一年，便向我打电话哭诉老公的“恶行”——没有共同语言；从来不会送她礼物、带她出去玩；不细心，根本不懂照顾人；她生气了，也不会哄她……

“结婚前你知道他这样吗？”我问。

“知道。”

“那你为什么还要嫁给他？”

“我以为他爱我，再加上我的努力就能改变他。”

其实，这是意料之中的事。作为她闺友的我，自然心知肚明：她老公性格内向，沉默寡言，粗枝大叶，不解风情，而她幻想老公因为爱她而变得开朗乐观、幽默风趣、体贴细致。我想她弄错了一个本质的问题：你的另一半不是木材，而你也不是雕刻家，不是你想把他雕刻成什么样子就是什么样子的。如果你想要改变一个人的脾气秉性、思维逻辑模式，我想你用一生的时间也未必做得到，还不如换一个人来爱简单。

男人结婚时，娶的就是眼前雅致的女子，希望她永远不要改变，可是女人却无法阻挡地改变了；女人结婚时，嫁的却是幻想中的白马王子，希望他

能按自己的要求改变，然而男人往往做不到。男人不是橡皮泥，不能让你按照自己的心意任意揉捏。他的本性固如泰山，岂能是你一个柔弱的小女子所能撼动的？这真是太自不量力了！

不管是男人还是女人，都可能对自己的伴侣不满意，所以劳燕分飞的戏码层出不穷。纵然如此，多数女人都有“改造男人”嗜好。改造的标准就是她自己，比如她不抽烟不喝酒，就想把男人改造得烟酒不沾，她喜欢穿漂亮的衣服，就想把男人也变成服装商场的常客。这种嗜好膨胀起来，改造的范围便包罗万象、无所不有，连男人的一举一动、一颦一笑都要合乎她的规范，不许越雷池一步。但实际结果如何呢？费尽心思、磨破嘴皮、软硬兼施、招数用尽，却总是收效甚微。

每个人都是带着独特记号的齿轮，只有那个能与你相互啮合的齿轮才是适合你的，不然，只能是相互伤害。你们谁都没有错，错的是你们走到了一起。断臂的维纳斯因为残缺而完美，我们的生活和爱情也是由一个个残缺组成的。即使你遇到了他，你们也未必会像童话故事般从此过上了幸福快乐的生活。他吃完饭喜欢歇会儿再刷碗，用完东西就不知道放哪儿了，洗了澡从不拖浴室地上的水，出门前拖鞋总是东一只西一只，他炒菜喜欢放姜而你对姜深恶痛绝，他喜欢吃鱼而你却经常卡刺，他爱看男足和篮球而你爱看韩剧……

有太多生活上的细节和习惯是你不能适应的。你时常想，如果对方能改变，我们的日子就会好过点。先别说对方，你能够改变自己吗？你可以从今天开始放弃自己最喜欢的食物吗？你可以改掉一种习惯吗？你可以学着不再埋怨吗？你可以从今天起不再随便发怒吗？你能够不再自以为是吗？你可以每天早起一小时吗？连改变自己都那么困难，你凭什么让别人改变？当你要求别人改变的时候，对方有没有要求你改变？这个世界上没有一个人是完全按照你的意愿而生的，你何必为了这些细小的事，而蒙蔽了发现幸福的眼睛？他会早起买了早点给你吃；逛商超出来，所有东西都是他自己一个人拎；过马路会牵着你的手；在你生病的时候会紧张心疼、端茶送水……幸福的爱情不只是关爱对方的身体、心理和生活，还包括尊重对方的习惯和思想。

其实，男人抽烟喝酒自有他的道理，女人不懂；这就跟女人涂脂抹粉而遭男人不屑一样。作为女人，你一定要大度，对于这类事情宽容一点比较好。包容比改造更重要，也更实在。如果大家都想改造对方，那就成了一场毫无结果而又永不休止的战争。

爱情是一件易碎品，改造有时是一种破坏性行为。既然爱上了他，就要尊重他的一切，包括他的私人空间。作为相爱的双方，他的一言一行都是心弦颤动的音符，即使我们听到的不是阳春白雪，只要是我们共同的追求和憧憬，就用心去珍惜、呵护吧！

读懂他的爱，不再苛求爱情的完美——这远比你奢望改变他，要快乐得多！

只有傻女人才会用眼泪换取男人的同情

我们时不时听到“一头热”的故事——男人铁石心肠，女人却一往情深，在对方的冷漠中把自己奉献得体无完肤，最后老天有眼，那个男人终于在感动中接纳了她的真情，她最终收获了甜蜜的爱情。

这样的故事在电视上见多了，女人们便以为，只要坚持不懈地努力，一定会叩开男人的心灵之门。痴情女人的通病就是，坚信“精诚所至，金石为开”，认为总有一天她们可以修成正果。但现实生活中，果真如此吗？

温柔敦厚的许慧，疯狂地迷恋上一个狂放不羁的男人。许慧是个慢热的人，可自从爱上这个男人之后，她就像变了一个人。每天去这个男人的宿舍，帮他收拾床铺、洗衣服。男人因为起得晚吃不上早饭，许慧就每天起大早，抱着两份早点赶到他的宿舍，陪他一起吃。大冷的天，她陪他去体育场看篮球赛。许慧根本不懂篮球规则，哆哆嗦嗦在操场站着，只为了他喜欢。许慧自顾自地、投入地爱着，这个男人虽然没有拒绝她的关怀，但很明显，没有太多的热情。越是这样，许慧越是惶恐不安。

一天，这个男人得了急性阑尾炎，许慧 24 小时陪护，垫药费、买补品，像个女主人一样无微不至地照料，忙得瘦了一圈。出院后，她不遗余力地照顾他的生活，细致周到，就像他的妈妈。男人终于被她感动，在一个凉爽的夏夜，在一颗无花果树下面，他第一次吻了她。为了这场姗姗来迟的爱情，许慧激动得哭了。

许慧没有遵照父母的安排参加公务员考试，而是随着男人去上海打拼。就是在那里，男人爱上他公司里的一名女同事，而且一发不可收拾。许慧的梦完全破碎了，她没料到自己精心维护三年的爱情，竟这么不堪一击。遍体鳞伤的许慧，最终选择狼狈退出。送她离开的时候，男人说："对不起，是我伤害了你，可是我现在感觉无比轻松。"

一厢情愿的感情，大都是有始无终，即使你对他付出了全部心血，也很难得到真正的爱情。或许，你无怨无悔的精神，在瞬间打动了他，而用这种手段获取的爱情，未免过于勉强。在以后的日子里，你该用什么来给这种爱保温？又该如何维系一生的幸福呢？只有两个人都倾心于对方，才能碰撞出爱情的火花，唯此才是真正的爱情。

女人往往太热衷于自己的感觉，而无法进行正常的思考。其实，在感动中，你得到的只是爱情的假象。因为感动，那个男人暂时接受了你，而当真正的爱情来到之际，男人终究会从迷梦中觉醒，从而奋不顾身地扑到火热的爱情中去。

如果女人能冷静地分析一下，也许就没有理由再给这样的男人过多的责备。任自己疯狂地去爱，却不顾及别人的感受，这样的爱是勉强而不可靠的。换位思考一下，他为什么非要接受你强加给他的爱？这时，他会有一种叛逆的想法——我有权利寻找自己的所爱！

爱情如野草野花，只有在天然的原野中，才能自然生长。如果两个人真心喜欢的话，不必刻意取悦。只有傻女人，才会用眼泪去换取男人的感情。然而，感动往往只能赢得一个瞬间，在某个清晨，那个人也许就会醒来。当感动不在，你又用什么来挽留他的心？

聪明的女人，不会拿感动当作开启爱情的钥匙。有首歌这样唱：“为爱付出了那么多，你却从来没有感动过。”爱从来都不是等价交换，就算是真心爱一个人，也没必要“低到尘埃里”，死缠烂打的爱情，只会让男人逃得更远。

女人真正聪明的做法是什么呢？不断学习，持续提升自己的实力。当你变得优秀、在庸碌女辈中出类拔萃时，你很快就会变成男人眼中的女王，幸福自会主动来敲门。

你不是一个可以用钱摆平的女孩

有这样一个关于金钱的小故事：一个男人问一个女孩，如果我给你一千你会不会和我在一起？女孩子摇头。男人又问，如果我给你一万呢？女孩子还是摇头。男人继续问，如果我给你一百万呢？女孩子有些迟疑了。男人依旧向上加价，当金额达到五百万的时候，女孩子点头了。但男人却大笑起来，并没有和女孩子在一起。因为在他看来，为了一千而与自己交往的女孩和为了五百万的女孩并没有什么区别，都只是钱的奴隶而已。一个女孩今天可以为了五百万牺牲自己，明天就可以因为一千万而将自己出卖给别人。

的确，金钱对于女人有很大的诱惑力。有了钱，就可以买漂亮的衣服，可以买名贵的化妆品，可以把自己打扮得风情万种。但是，这样的女人无论外表多么美丽，脱去了华丽的外衣，里面却是一文不值。虽说如此，这种拜金的女人并不在少数。为了金钱，她们会用身体换一时的虚荣。虚荣过后，自尊心受到严重创伤，且生活中没有哪剂药可以医治，正所谓“覆水难收”。当女人第一次因为金钱而沉沦后，那么以后她也将因为金钱而堕落。而对于男人来说，他们需要这样的女人来填补内心的空虚，但却不会让她成为自己的爱人。

有个相貌和身材都很好的女孩，被一个“星探”发现了。星探强烈建议这个女孩去做模特，因为不仅得到很高的报酬，还可能拿到模特大奖。这样一来，可暂时缓解女孩父母的辛劳，还能让她得到一份高薪而稳定的工作。女孩在星探的“教诲”下，开始了模特生涯。

为了当模特，她每天进行训练，课程落下很多，但女孩想到日后会找到一个好工作，可以孝顺父母，所以对学业的荒废并不在意。通过自己的努力和艺术修养的提高，女孩练就一身脱俗的气质。但好景不长，随着人体彩绘的流行，女孩的命运开始发生转折。

出于聚焦人气的目的，经理决定让模特全裸登台，并许诺可以给一百万的出场费，但附加条件是每个模特都要和他睡一晚。在金钱面前，几乎所有的模特都心动了，但女孩并没有这样想，光是全裸出场就已经让她难以忍受了，何况要把自己的第一次给一个陌生的男人。在她准备退出的时候，妹妹打电话说，父亲生病了，母亲也因为照顾父亲不能工作，加上妹妹上大学还需要高额的学费，于是女孩想到了那一百万。

最后的结果是，女孩为了一百万出卖了自己。虽然最终得到了那一百万，但男朋友在知道事情的第二天就提出了分手，父亲也在得知钱的来源后病情加重，不久便去世了。母亲和妹妹也拒绝再用她的钱。瞬间，女孩什么都没有了，剩下的只是金钱而已。但是，金钱对她来说现在已经没有存在的价值了，一千和一百万只是数字而已。

这是一个并不拜金的女孩，但是仍然因为金钱放弃了自己。当一个女人用金钱就可以摆平时，她的自身也就失去了价值。女人要学会理财，但却不能太向钱看。一个男人亮出钞票诱惑你，你要有自己的原则和底线。金钱面前，必须抵住诱惑，否则你将坠入无底深渊。

是的，每个女孩都想找一个富有、帅气又爱自己的好男人，但是并不是每个有钱的男人都是你值得托付的对象。钱只是附加品，而主体则是男人本身。一个女人嫁的是人，而不是钱。如果你千挑万选，最后把一堆钞票领回家，而自己的男人却是个无能之辈，整天在外面寻欢作乐，那是多么可笑而又可悲的事情！

所以，女人不要因为嫁人而嫁人，更不能拿自己后半生的幸福开玩笑，不然你只能是嫁给一堆金钱的“苦命女”。冷了，没有人温暖，累了，没有人关心，房子很大但是很空旷，朋友再多，却都是冲着你是某某人的妻子而来。

要知道，金屋中不仅会藏着娇娘，还会藏着怨妇。

记住，天下没有免费的午餐

作为女人，一定要让自己明白——成功无论大小，都需要你自己努力奋斗，没有谁会主动为你铺好红地毯，然后等你大踏步走上去。没有人真正会给你提供帮助，只有你自己来帮自己。你要获得，必须有付出。你要以自己的实力为自己的午餐埋单。如果你由于依靠心理或者懒惰心理，贪图免费午餐的话，必将为此消化不良。

阿荣的家是四川农村的，家里条件一般。自上大学起，她就为自己的工作发愁。一没有门路，二没有钱财，她凭什么找到好工作呢？现在只靠着“好好学习、天天向上”能行吗？虽然如此想，她还是没有放松自己的学习。大四那年，她所在的城市招录一批公务员，她急忙报了名，然后就开始看书，积极准备应考。

恰在那时，通过一次同学联谊会，她认识了邻校学生李龙。李龙的爸爸是副市长。李龙对阿荣明确表示，只要答应和他谈恋爱，考试的事，包在他身上，想做公务员那还不简单吗？自己跟老爸通报一声就成。阿荣想，如果能嫁给副市长的儿子，那真的就等于平步青云了，李龙真是天上掉下来的大馅饼啊！于是，她就专心致志地和李龙谈情说爱，考试的事放在一边。谁曾想李龙是个花花公子，占有她之后不到三个月，就不再理会她，至于向她承诺的“公务员”，更像是一阵风，刮过去就一点痕迹也不留了！

这时候，离公务员考试只有不到一个月时间，阿荣开始慌了，她不分日夜开始用功，可是已经晚了。她没有被录取。看着那长长的录取名单，阿荣追悔莫及。世上哪有免费的午餐？她为了所谓的免费午餐，付出了高昂的代价。

因为贪图别人的免费午餐，最后反被玩弄了感情，真是偷鸡不成蚀把米啊！

作为一个女人，你一定要认识到——世界上没有免费的午餐，你要自己赚钱，为自己买午餐。这才是最心安理得、最安全保险的。著名影星刘嘉玲就是这么认为的，她在一次采访中坦言，自己在成名之前经历了很多磨难，也曾在心里背负沉重的包袱，压得自己喘不过气来。可是，哭过、痛过、苦过之后，她便释然了。“我会一切往正面看，不会自怨自艾，更不会自暴自弃。曾经的磨难，让我清楚地知道自己有多强的忍受力和意志力。或者说，上天考验了我，才让我获得了名利和自由。我知道——这个世界没有免费的午餐。”

有的女人似乎很幸运，凭着父母的娇宠，少女时代无忧无愁，长大以后，又凭着娇容美貌，轻易地嫁入豪门，从此锦衣玉食、养尊处优。可是，她的不劳而获，让她一天天变得没有思想，失去各种能力，甚至变得像白痴一般。你还会羡慕她这一顿丰盛的大餐吗？当有一天，即使她失宠被弃，也没有任何发言权，因为她只是人家养的一只宠物而已。离开了依靠的主人，她将无以为生。失去自我，是她为免费的午餐付出的必然代价。

女人要想在这个世界上有立足之地，就要付出自己的努力，自己的奋斗。不要把所有的希望都寄托在他人身上。世上没有救世主，没有人会白白地付出。他今天给了你，明天就会加倍要你偿还。也许，那将是另一种更残酷的偿还方式。

如果有一天，免费的午餐来了，你一定要加倍小心。因为享用了它，你很可能要付出沉重的代价，比你获得的午餐要昂贵不知多少倍！不要无缘无故地接受他人的钱物，接受了以后要记得归还。你可以索要报酬，但不能索取馈赠。因为报酬上有你的血汗，而馈赠上什么也没有。陷阱的上面往往精心布置芬芳的鲜花，你要学会分辨真情与假意。

如果有人送给你免费的午餐，他肯定有自己的目的，你必须分辨清楚他是善意还是恶意。即使是善意的，你也不要欠他那么大的人情，你一定要告诉他，你有能力为自己的午餐埋单，请他不要对你心存非分之想。如果是恶意的，你更要避而远之，谨防上当受骗。